玉米垄作免耕播种机设计

刘艳芬　林　静　著

北　京
冶金工业出版社
2019

内 容 简 介

本书共分 7 章,主要内容包括免耕播种的耕层土壤条件研究、东北玉米垄作新型免耕播种机的总体设计、水平圆盘排种器设计与试验、免耕播种机组工作性能研究、播种单体田间性能试验研究、新型免耕播种机整机试验研究。

本书可供农村农机合作社和免耕播种机生产企业的技术人员阅读,也可作为保护性耕作技术与配套机具推广和管理培训教材,并可供高等院校相关专业师生参考。

图书在版编目(CIP)数据

玉米垄作免耕播种机设计/刘艳芬,林静著. —北京:
冶金工业出版社,2019.3
ISBN 978-7-5024-8059-2

Ⅰ.①玉… Ⅱ.①刘… ②林… Ⅲ.①玉米—垄作—
免耕—播种机—机械设计 Ⅳ.①S223.202

中国版本图书馆 CIP 数据核字(2019)第 042439 号

出 版 人 谭学余
地 址 北京市东城区嵩祝院北巷 39 号 邮编 100009 电话 (010)64027926
网 址 www.cnmip.com.cn 电子信箱 yjcbs@cnmip.com.cn
责任编辑 贾怡雯 美术编辑 郑小利 版式设计 禹 蕊
责任校对 郭惠兰 责任印制 李玉山
ISBN 978-7-5024-8059-2
冶金工业出版社出版发行;各地新华书店经销;三河市双峰印刷装订有限公司印刷
2019 年 3 月第 1 版,2019 年 3 月第 1 次印刷
169mm×239mm;8.75 印张;168 千字;130 页
58.00 元
冶金工业出版社 投稿电话 (010)64027932 投稿信箱 tougao@cnmip.com.cn
冶金工业出版社营销中心 电话 (010)64044283 传真 (010)64027893
冶金工业出版社天猫旗舰店 yjgycbs.tmall.com
(本书如有印装质量问题,本社营销中心负责退换)

前　言

玉米是中国东北垄作区主要粮食作物，对东北地区农村经济发展有着重要作用。东北垄作区玉米一年一熟，生长周期较长，秸秆和残茬普遍粗壮，免耕播种田间工况复杂，因而对免耕播种机的工作性能要求较高。传统玉米免耕播种机依靠增加自身重量来保证作业下压力，这样的方式会导致播后土壤压实、垄形被破坏等严重技术问题。

针对这些问题，本书在对国内外免耕播种机及其关键部件和关键技术深入分析研究基础上，运用动力学分析、离散元仿真分析与正交试验研究等方法，对玉米垄作免耕播种机关键部件进行理论分析与优化设计；将拖拉机和玉米垄作免耕播种机联结成作业机组，探究拖拉机液压系统对免耕播种机播深控制的机理和方式，以位调节控制免耕播种机破茬犁刀入土深度与播种深度，取代加大机器自重控制深度的机理。

本书是一本介绍免耕播种技术与新型机具优化设计机理相结合的科技图书，由青岛农业大学刘艳芬、沈阳农业大学林静合著。

在本书出版之际，首先要感谢长期以来在该领域给予作者指导和帮助的各位老师以及一起从事该研究的同事们。其次，本书除著者的研究成果外，还参考引用了许多国内外专家学者的研究成果，均在文后参考文献中列出，在此一并表示感谢。

限于作者学识与经验，书中不妥之处，恳请专家和读者批评指正。

作　者

2018 年 12 月

目　录

1 绪 论

1.1 研究目的意义

保护性耕作技术是指减少田间作业工序，减轻土壤风蚀、水蚀，改善耕层土壤结构，提高农作物产量的一项先进的农业耕作技术（高焕文，2003 年），主要包括免耕、少耕、秸秆残茬覆盖、深松、杂草和病虫害防治四项基本技术内容，其中，免耕是在地表有秸秆覆盖、地下有作物根茬的条件下直接播种（罗红旗，2010 年）。免耕作为保护性耕作中的关键技术，近年来已成为保护性耕作研究的核心，是实现中国农业可持续发展的有效途径之一。垄作也称垄作耕作法，是在平整的地表上人为创造出凹凸状的垄形结构，其比平作增加 25%~30% 的地表面积，光能利用率高，垄台白天温度比平作高出 2~3℃，利于春播时种子发芽和幼苗的生长（卢宪菊，2014 年）；夜间垄台散热面积大，土壤昼夜温差大，利于促进作物生长成熟。垄作是中国东北地区玉米种植长期采用并一直沿用至今的耕作法。

免耕播种作为保护性耕作的一项重要措施，是目前东北玉米垄作区主要推行的种植模式，其核心作业机具是免耕播种机。免耕播种在未耕地直接进行播种作业，田间工况复杂，对免耕播种机的工作性能要求较高。

目前，中国东北地区玉米垄作免耕播种机的研发存在的主要问题有：

（1）播种机的通过性问题。东北玉米一年一作，根茬粗壮，免耕播种机须有较强的破茬能力和防堵性能。根茬处理能力是影响免耕播种机播种质量的关键技术难题（李宝筬等，2004 年）。

（2）播种深度的稳定性问题。地表秸秆和地下根茬使免耕播种机田间作业时受力不均衡，影响了播种深度的稳定性。

（3）播种机的入土性能问题。未耕地土壤硬度大，免耕播种机的破茬装置和开沟装置入土困难，现有中国东北地区的免耕播种机大多通过加大整机质量来保证入土深度，两行牵引式玉米垄作免耕播种机整机质量在 1t 以上，有的甚至超过了 1.5t。对免耕地块垄形断面进行的调研发现，免耕播种机质量过大，垄台几乎被压平，失去垄作优势，土壤压实严重，加重土壤板结，不利于作物生长；若播种机自重过小，则入土困难，难以保证播种深度，要解决播种机轻量化与入土性能之间的矛盾问题。

（4）排种器的性价比问题。现在东北玉米免耕播种机大多采用进口的指夹式排种器，价格昂贵，提高了播种机整机价格。

（5）侧深施肥问题。保护性耕作提倡减少作业机具进地次数以减轻对土壤的压实，因此免耕播种施肥量要满足玉米整个生长周期对肥料的需求，施肥量较大，为避免肥料烧种，采用侧深施肥。

综上所述，研制新型的轻量化玉米垄作免耕播种机，探求控制轻量化免耕播种机播深稳定性的新方法，提高免耕播种机作业质量，改善耕层土壤结构，对免耕播种机的改进与设计具有重要的现实意义。

1.2　国内外免耕播种机研究与应用现状

1.2.1　国外免耕播种机研究现状

保护性耕作最早由美国发起，澳大利亚和加拿大等国家也从20世纪40年代初即开始保护性耕作研究，这些国家目前已大面积实施保护性耕作，拥有较成熟的技术和配套的保护性耕作关键机具——免耕播种机，几十年的研究表明，保护性耕作可有效减少地径流、减少土壤水分蒸发、改善耕层土壤结构、提高土壤肥力，是一项先进的旱地农业生产技术（J. A. Smith et al，2002；John Emorrison，2000）。比利时、德国、俄罗斯、英国等欧洲国家和巴西、阿根廷、乌拉圭等南美洲国家的保护性耕作相对起步较晚，但发展迅速，保护性耕作面积推进很快。目前，保护性耕作在澳洲、北美、南美、亚洲、欧洲、非洲推广应用总面积达到 $1.6 \times 10^8 hm^2$，生态效益和发展前景良好（王庆杰等，2013年）。欧美国家耕地面积大，农业生产以规模求取效益，免耕播种机自重大，可一次完成破茬、开沟、播种、施肥、喷药等多项作业；大多采用气力式或指夹式排种器；作业时需配套大功率拖拉机。美国约翰迪尔（John Deere）公司率先研制保护性耕作所需的各种作业机具，此外，美国 Kinze、Case、Great Plains、Ten Square International Inc.，加拿大 Flexi-eoil、澳大利亚 JohnShearer、法国 KUHN、德国 AMAZONE、巴西 Baldan 等世界著名公司都生产有各种免耕播种机。

美国约翰迪尔（John Deere）公司生产免耕播种机种类很多，多为适合于平作的大中型牵引式，播种机通过性和播种效果普遍较好。John Deere 1890 系列免耕播种机、John Deere 7200 型变量施肥免耕播种机、John Deere 1895 型种肥分施免耕播种机都是约翰迪尔（John Deere）公司的代表机型。John Deere 1590 型 16 行免耕条播机（A Solhjouand Desbiolles Fielke J. M.，2012 年）如图 1-1 所示。该机为牵引式，采用波纹式双圆盘开沟器，能够高效切开残茬，且破土角度小，扰动土壤程度轻，破坏耕层土壤结构较轻；机架离地间隙大，作业时通过性能好；开沟器的作业下压力依靠液压系统提供，开沟深度可调性好。整机质量

3130kg，工作幅宽3.1m。种箱和肥箱容积大且比例可调，可有效提高免耕播种机的田间作业效率。

图1-2为John Deere 1830/1910型气力式免耕变量播种机。JD1910型种肥车用来贮存种肥，与JD1830型免耕播种机配套使用，可变量排出种肥输送到免耕播种机。JD1910型种肥车控制系统性能可靠，种肥箱容积大，一次添加可满足13hm²连续作业，减少播种过程中停车加种肥时间，利于提高作业效率。两侧挠性侧翼可上下前后浮动，增强机器播种时的仿形能力，利于播种机准确地将种子播入种沟。

图1-1　John Deere 1590　　　　　图1-2　John Deere 1830（35）/1910
型免耕条播机　　　　　　　　　　　　型免耕变量播种机

美国大平原公司（Great Plains）研发的1206NT免耕条播机，如图1-3所示。条播机为牵引式，采用波纹圆盘作为破茬装置，播种、施肥均采用双圆盘开沟器，通过链轮盒装置控制播量，土壤坚硬时可增加配重来加大下压力，以达到好的播种效果。

图1-4为美国Kinze公司研发的3500型免耕播种机。机器采用平行的刚性双框架，可升降和旋转。采用双圆盘开沟器，覆土轮由两个橡胶轮和两个铸铁轮呈V形安装。作业下压力由压力弹簧或气动压力装置提供，安装有监控控制系统，作业效果较好。

图1-3　Great Plains 1206NT免耕条播机　　　图1-4　Kinze 3500型免耕播种机

澳大利亚John Shear公司生产的4BIN免耕播种机，如图1-5所示。播种机采用单体仿形，铲式开沟器上的双弹簧结构可提供超过1130N下压力，利于工作装置入土。开沟器采用多梁式结构，每个梁上布置4~6个开沟器，全压力液压悬挂系统保证开沟深度的稳定性。该机为牵引式，整机重量大，作业效率高，通用性较好。

德国阿玛松公司（AMAZONE）研发的 primera DMC 300 免耕播种机，如图1-6所示。播种机前部配置动力驱动耙，先进行灭茬整地作业，后部的播种机再开沟播种。采用气力式中央集排播种，播种施肥都用锐角凿式开沟器，采用 V 形镇压轮覆土镇压，为种子发芽提供良好的种床条件。

图 1-5 John Shear 4BIN 免耕播种机

图 1-6 AMAZONE primera DMC 300 免耕播种机

法国 KUHN 公司生产的 SD4000 免耕播种机，如图1-7所示。采用由单破茬开沟圆盘和双播种开沟圆盘组成的三圆盘系统，每个开沟器的入土下压力高达2500N。为适应不同的土壤环境作业，配有凹凸形和波浪形的圆盘可供更换。各工作部件之间间距大，在恶劣的土壤条件和大量植物残留的工况下也可保持良好的通过性和稳定播深。

巴西 Baldan 生产的 COP suprema 13 行玉米精量播种机，如图1-8所示。该机采用气吸式排种器，主要用于常规或免耕播种玉米和大豆。圆盘破茬刀的直径为54.9cm，双圆盘式播种开沟器应用单组浮动仿形播种，以适应不平的地表。施肥开沟器采用锄铲式，覆土镇压轮采用两个"人"字形的实心胶轮覆土镇压。该机

图 1-7 KUHN SD4000 免耕播种机

图 1-8 COP suprema 玉米精量播种机

器装有监视和调节装置，可实现精量施肥与播种。播种机的结构复杂，整机重量大，作业效率高，可实现自动化精准施肥播种。

丹麦格兰 Optima HD 免耕播种机，如图 1-9 所示。该机采用外槽轮式排肥器和指夹式排种器，一次可播种六行，覆土镇压轮采用两个"八"字形的实心胶轮来覆土镇压。但在地表较硬的田间作业时，入土比较困难。

美国满胜（Monosem）公司 2015 年全新上市的悬挂式可收缩折叠播种机如图 1-10 所示，改变以往免耕播种机的牵引式为悬挂式，并且取消后轮，使得播种机整机更加靠近拖拉机，整体重量前移，转弯半径小，田间操作灵活，采用单体仿形，播种深度稳定性好。

图 1-9　格兰 Optima HD 免耕播种机　　　图 1-10　满胜公司悬挂式可收缩播种机

综上所述，国外免耕播种机大多为牵引式、功率大、整机重量大且价格昂贵，主要适用于大块土地的平播作业，难以在广大干旱地区推广，不适合中国农业生产的国情，但其工作原理与关键技术可供参考借鉴。

1.2.2　国内免耕播种机研究现状

国内自 20 世纪 90 年代开始免耕播种机的研发，起步相对较晚。近年来随着种子质量以及栽培技术的逐步提高，免耕播种机械化技术体系不断发展和完善，国内免耕播种机的种类和技术含量都有大幅提高。随着国家对农机行业投入力度加大，从事免耕播种机研发生产的企业增多，企业主要是在引进吸收国外技术的基础上，结合当地种植模式进行改进，研制有当地特色的免耕播种机。国内各大高校、科研院所则从自己擅长的理论分析入手，针对免耕播种的关键技术问题，应用建模软件、仿真分析软件等对免耕播种机的防堵装置、仿形机构、开沟器开沟结构和安装位置、播深稳定等关键装置部件进行理论分析与设计，通过对样机的台架试验和田间试验等检验校核，进一步优化设计。国内目前已有多种成型的免耕播种机。

吉林省康达农业机械有限公司生产的 2BMZF 系列免耕指夹式精量施肥播种

机，是近年来东北垄作区玉米免耕播种使用较多的机型，采用进口指夹式排种器，可在秸秆全覆盖条件下免耕播种，机器一次完成施肥、清理秸秆、种床整形、精量播种、覆土重镇压等作业，是国内先进的玉米免耕播种机（梁栋等，2011 年）。其中，2BMZF-4 型指夹式精确施肥免耕播种机，如图 1-11 所示。采用大波纹盘拔草轮式的清垄防堵装置，双圆盘开沟器，缺口盘施肥开沟器，并装配有智能多路漏播装置。作业行数 4 行，牵引式，整机质量 2000kg，能够保证播种时有足够的下压力，对土壤压实严重，垄形破坏大。

现代农装科技股份有限公司生产的 2BQX-4 玉米清垄免耕播种机，如图 1-12 所示。前方安装由拖拉机动力输出轴驱动的清扫器，可将播种带上的小麦秸秆扫向两侧，使播种施肥都在干净位置完成，解决了播种机的堵塞问题，适用于地表覆盖小麦秸秆的地块播种玉米。可一次完成开沟、播种、施肥、镇压、铺设滴灌管带等多种工序的联合作业，工作性能强。播种机采用气吸式排种器和外槽轮式排肥器，覆土装置采用覆土圆环，单体仿形，保证播种机仿形能力强，以适应地表不平的作业情况。

图 1-11　2BMZF-4 免耕播种机

图 1-12　2BQX-4 玉米清垄免耕播种机

河北农哈哈机械集团有限公司生产的 2BMFS-5 免耕施肥播种机，如图 1-13 所示，采用滑刀型开沟器，外槽轮式排种器、排肥器，侧深施肥。播种机最前端设置旋转刀具，作业时将作物秸秆和根茬打碎或打走，形成干净的种床，以此解决免耕播种机的作业堵塞问题，适用于直立玉米秸秆、秸秆还田地块的小麦或玉米播种，一次作业完成碎秆灭茬、开沟、施肥、播种和镇压等工序，有效减少作业机具进地次数。

北京德邦大为科技有限公司研发生产的 2BM 系列，如图 1-14 所示，采用悬挂式挂接方式，方便运输和地头转弯等作业，整机质量 1762kg，依靠重量保证免耕作业效果。采用气吸式排种器，通过不同工作部件的变换组合，实现耕整后播种或免耕播种的变换，播种单体仿形，采用前仿形轮、侧深施肥，播种开沟采用双圆盘开沟器，施肥开沟使用单缺口圆盘。采用后镇压轮和双侧橡胶轮限深，确保播种的可靠性和准确性。

图 1-13　2BMFS-5 免耕施肥播种机

图 1-14　2605 气吸式免耕精密播种机

河南豪丰机械制造有限公司生产的豪丰 2BXS-12C 免耕施肥播种机，如图 1-15 所示。机器采用后置液压全悬挂的挂接形式，可播种到地边，减少土地浪费，提高土地利用率，尤其适合小地块播种。采用旋耕灭茬，外槽轮式排种器、排肥器，一次可播种小麦 12 行，施肥 6 行，整机质量 740kg，作业效率为 0.40~0.67hm²/h。采用镇压辊进行重镇压。

2BMYFC-4/4 玉米清茬免耕施肥精量播种机由山东大华农业机械有限公司研制，如图 1-16 所示。采用驱动旋转式播种带清理防堵装置清除地表秸秆和残茬，播种腿和镇压轮均单独仿形，播种和施肥都采用锐角凿式开沟器，整机质量 600kg，适宜在前茬作物是小麦的地里播种玉米。

图 1-15　豪丰 2BXS-12C 免耕
施肥播种机

图 1-16　2BMYFC-4/4 玉米清茬
免耕施肥精量播种机

图 1-17 所示的 2BJM-3 型玉米免耕施肥播种机，采用锐角双翼铲式开沟器强行入土破茬，指夹式排种器，外槽轮式排肥器，配套动力为 36.8~58.8kW。播种机开沟破茬能力强，需配备动力较大，适用于西北地区的玉米免耕播种。

中国农业大学研发的 2BMQF-4C 轮齿拨草型玉米免耕覆盖播种机，如图 1-18 所示，将垂直圆盘和轮齿式拨草器相组合，即采用"先切后拨"的防堵方式，作业时由垂直圆盘切断秸秆，装在切草盘后的拨草轮将秸秆向两侧分开，防堵性能好，利于开沟播种。采用尖角开沟器，入土性能好，自动回土能力强，省去覆土装置。种肥垂直分施，采用单体仿形，结构简单，适用于秸秆量较少的地块。

图 1-17　2BJM-3 型玉米免耕
施肥播种机

图 1-18　2BMQF-4C 轮齿拨草型
玉米免耕覆盖播种机

沈阳农业大学和辽宁省农机推广站共同研制的 2BG-2 型气吸式玉米垄作免耕播种机，如图 1-19 所示，滚动缺口圆盘破茬刀和圆盘螺旋线形清垄轮相组合，在土壤阻力带动下旋转完成破茬动作，并将垄顶的秸秆等覆盖物清除至垄沟。设有垄上作业稳定装置，保证田间作业时播种机不掉垄。采用气吸式排种器和外槽轮式排肥器。试验证明，该机在垄上作业效果、保护垄形以及播后出苗率均表现出良好效果，适合东北玉米垄作区一年一作制的玉米免耕播种。

黑龙江省农业机械工程科学研究院研发生产的 2BJM-6 免耕精量播种，如图 1-20 所示，采用悬挂式挂接方式、强击式精密排种器、大外槽轮排肥器、双圆盘开沟器、波纹圆盘破茬、V 形轮镇压，具有整机结构紧凑、侧深施肥精确、故障

图 1-19　2BG-2 型玉米垄作免耕播种机

图 1-20　2BJM-6 免耕精量播种机

率低、通过性好等优点。该免耕播种机主要用于在原茬地上进行播种作业。适合东北地区旱田作业。

目前，东北玉米垄作区使用的免耕播种机主要有中国农业大学和辽宁省农业机械化推广站联合研制的 2BML-2 型苗带旋耕式玉米垄作免耕播种机，以及吉林省康达农业机械有限公司生产的 2BMZF-2 型牵引式免耕播种机。

2BML-2 型苗带旋耕式玉米垄作免耕播种机先对根茬进行浅旋处理，后施肥播种，机器采用尖角式开沟器。播种机的旋耕刀端点的运动轨迹是余摆线。苗带旋耕式玉米垄作免耕播种机苗带清理耕作强度大，会导致地表破坏严重，容易在垄上开出新沟，不利于保持垄形，作业功耗大等问题。

2BMZF-2 型牵引式免耕播种机是目前东北玉米垄作区使用数量最多的免耕播种机，至 2017 年大概有 6000 台投入田间作业中，牵引式，作业行数 2 行，质量1000kg。采用滚动圆盘大波纹犁刀和拔草轮式的清垄器的清垄防堵装置，双圆盘播种开沟器，缺口盘施肥开沟器，防堵能力较强，田间作业机器基本不堵塞。滚动圆盘犁刀为被动式，对土壤扰动轻，动土量少，作业效果较好，基本可以满足农业技术的要求。但仍存在不足之处：播种机自重过大，导致播种时垄台几乎被压平，影响垄作优势的发挥；拖拉机和播种机的轮子对土壤压实严重，土壤坚实度加大。

综上所述，国产免耕播种机形式多样，或采用旋耕灭茬、清扫的主动防堵方式，或采用锐角开沟器强制入土破茬，或采用圆盘破茬开沟装置的被动防堵方式，都可以较好地完成免耕播种作业，但有些存在动土量大、功耗高等缺点。大多为牵引式，机具自重大，极少的悬挂式播种机也并没有减轻自身重量，播种、施肥开沟入土需要的下压力都是依靠播种机自重提供，对土壤压实严重，造成土壤板结，不利于玉米生长发育。其排种器大多采用进口指夹式，能够保证播种精确，但成本较高。

1.3 免耕播种机关键部件与关键技术研究现状

1.3.1 切拨防堵装置与防堵技术研究现状

免耕播种是在有秸秆和根茬杂物的未耕地上进行播种，播种机必须有切拨防堵装置。国外的免耕播种机多采用圆盘刀式破茬器，每个圆盘刀需增加配重，结构庞大笨重。目前国内免耕播种机的防堵装置从动力源上分类，主要有主动式和被动式两种。主动式，又称驱动式，主要包括驱动苗带旋耕式防堵装置和圆盘式防堵装置。被动式，主要包括移动式防堵装置和滚动式防堵装置。

（1）苗带旋耕式防堵装置。张晋国等（2000 年）设计了带状粉碎防堵装置，将播种带上的秸秆用组合刀片切碎，然后沿导草板抛撒到种行的侧后方。卢彩云（2014 年）在小麦免耕播种机上配置了浮动支撑式防堵装置，有效降低了播种机作业的堵塞问题。徐迪娟等（2006 年）设计了 2BML-2（Z）型玉米垄作免耕播种机，条带破茬采用驱动式直刀，只切土不抛土，田间试验证明破茬效果好且减少了动土量。张军昌（2012 年）设计了 2BMQ-180/3 型秸秆粉碎覆盖玉米免耕施肥播种机，采用驱动式旋转立轴灭茬粉碎。王丽（2012 年）设计了 2BML-2 型垄作免耕播种机，采用可适应不同行距的驱动直刀破茬式破茬防堵装置。陈海涛等（2016 年）采用螺旋刀齿打击粉碎秸秆并抛撒至清秸装置，以清秸覆秸刀齿作为防堵装置，可有效降低振动强度和作业功耗。

（2）驱动圆盘式防堵装置。吴建民等（2006 年）设计了锯片式防堵装置。张喜瑞等（2009 年）设计了小麦免耕播种机驱动链式防堵装置。赵佳乐等（2014 年）设计了一种同时有主动和被动卧式旋转部件的有支撑滚切式防堵装置。马洪亮等（2006 年）设计了驱动缺口圆盘玉米秸秆根茬切断装置，通过土槽试验验证装置能有效切断秸秆，并且消耗功率不大。王庆杰、何进等（2008 年）设计了驱动圆盘玉米垄作免耕播种机，将驱动圆盘和限深轮设计为一体，减少了土壤扰动和动力消耗。

（3）移动式防堵装置。姚宗路等（2009 年）通过对免耕防堵装置对土壤阻力的影响进行研究，为设计新型开沟器提供依据。何进等（2009 年）设计了往复切刀式小麦固定垄免耕播种机，用切刀往复垂直切茬实现防堵。何进等（2011 年）设计了动力甩刀式防堵装置。赵武云等（2007 年）设计了免耕播种机弹齿式防堵装置，利用弹齿的变形对覆盖物产生压制。朱国辉等（2011 年）设计的固定垄免耕播种机，采用尖角式开沟器作为防堵装置。

（4）滚动式防堵装置。李宝筏、包文育等（2006 年，2009 年）研制的东北垄作滚动圆盘式耕播机，采用被动滚动圆盘作为破茬防堵装置，田间通过性良好。林静等（2011 年）设计了由滚动缺口圆盘和清茬轮组成的破茬清垄装置的 2BG-2 型玉米免耕播种机。林静等（2014 年，2015 年）设计了免耕播种机的切拨防堵装置，该装置由阿基米德螺线形破茬犁刀和清垄盘组成，田间试验表明作业效果良好。范旭辉、贾洪雷等（2011 年）将仿形爪式清茬机构作为免耕播种机的防堵装置。白晓虎等（2014 年）分别对平面圆盘、波纹圆盘和涡轮圆盘三种圆盘破茬刀的工作性能进行分析，为免耕播种机圆盘破茬刀的设计提供参考。

综上所述，驱动式式防堵装置可解决大部分秸秆堵塞问题，但由于旋耕刀或者驱动圆盘作业时速度都比较高，土壤耕作强度大，导致耕层土壤水分流失严重。移动式防堵装置普遍入土性能好，但存在易将作物根茬翻出地表形成凹坑的问题，影响播种质量（姚宗路，2008 年）。滚动式防堵装置田间作业时对土壤扰动较小，滚动破茬是将根茬劈开而非翻出地表，动力消耗小，有利于保持垄形。因此，滚动式防堵装置适合东北玉米垄作区的实际生产特点，是目前该地区玉米免耕播种破茬防堵装置的首选类型。

1.3.2 播种与施肥装置研究现状

播种机的发展贯穿了整个农机发展的历史。免耕播种的精确性受破茬、排种以及开沟镇压覆土等决定种床环境因素的影响。20世纪70年代，苏联即开始对玉米排种器进行研究（Datta R K.，1974年），后来经过多国专家学者参与研究，逐渐将排种器应用于多作物的机械播种（Singh R C，2005年；Maleki M R.，2006年）。目前，国外玉米播种排种器使用较多的主要为水平圆盘排种器和指夹式排种器。西方发达国家，早已着手对种床构建的研究（Celik A，2007年），提出良好的种床要求是种床紧实，覆盖土壤松软，以提高种子的分布均匀、播深一致、发芽出苗率高（Liu W D，2004年；Naresh R K，2011年；Solhjou A，2014年；Singh K P，2016年）。

国内对播种机的研究起步较晚，近年来才有了突飞猛进的发展。国内对播种机的研究集中在排种器、开沟器、仿形机构和镇压覆土等几大部分，发展势头良好。

（1）排种器研究现状。梁天也等（2001年）改进设计了水平圆盘排种器清种装置，台架试验表明排种性能有大幅提高。廖庆喜等（2003年）以种子的几何尺寸为依据，从排种器工作原理出发，建立型孔参数的数学模型，为水平圆盘排种器型孔参数的设计提供依据。赵武云等（2013年）设计的玉米全膜双垄沟直插式精量穴播机采用水平圆盘精量排种器，提高了作业精度。石林榕等（2014年）通过离散单元法对排种进行仿真试验，表明优化排种器的性能参数，可显著提高水平圆盘排种器的播种合格指数。王金武等（2015年）建立了指夹式排种器指夹夹持的动力学模型，并运用EDEM软件对排种性能进行了数值模拟。韩丹丹等（2017年）运用耦合分析法，优化内充气吹式排种器，改善了其工作性能。

（2）仿形机构研究现状。赵淑红等（2017年）通过建立丘陵地区镇压轮和土壤的相互作用模型，设计了可实现仿形的镇压装置，其镇压强度可随工作环境调节。白晓虎等（2014年）采用ADAMS软件对仿形装置的弹簧进行了参数优化，得到弹簧刚度系数与开沟深度变化的关系。李国梁等（2014年）设计了具有仿形机构的限深轮，有效提高了育种播种准确性。王科杰等（2017年）设计了单组仿形搂膜机构，大幅提高了残膜回收机的残膜回收率。张明华等（2017年）优化设计了水稻精量穴直播机的仿形与滑板机构，试验表明作业效率、穴距合格率和空穴率等指标均达到国家行业标准。

（3）开沟器研究现状。马云海等（2014年）研制了一种仿生波纹形开沟器，解决了普通开沟器工作时容易黏土而导致阻力加大的问题。李辉等（2013年）设计了种肥垂直分层施加开沟器，试验表明作业效果达到了播种农艺要求。赵淑红等（2015 年，2017 年）设计的深施肥垄作免耕播种机采用双圆盘开沟器，后来为解决开沟器土壤扰动过大的问题，设计了 3 种新型的锐角开沟器，试验表明其中仿旗鱼头部的曲线型开沟器对土壤扰动最小。贾洪雷等（2017 年）设计了适用于大豆种植的具有滑刀和仿形压土轮的仿形滑刀式开沟器，开沟的同时可实现压沟和仿形的功能，有效实现了种床紧实的效果。

（4）镇压覆土装置研究现状。于希臣等（2002 年）研究了播种时不同的镇压强度对玉米的出苗率的影响。王景立（2012 年）研究了种子接触土壤后的位置变化和覆土厚度，探讨了镇压力的变化对播深和种子位移量的影响。贾洪雷等（2015 年）基于开沟数学模型，设计了有覆土功能的镇压轮，田间试验显示这种新式镇压轮的作业效果优于传统的覆土器和橡胶镇压轮。佟金等（2014 年）建立土壤与仿生镇压辊的互相作用的有限元模型，软件模拟并通过土槽试验验证了仿生镇压辊比传统镇压辊的工作阻力有大幅降低。庄健等（2017 年）发明了震动式镇压辊，可以使镇压更加均匀。

（5）施肥装置研究现状。王圆明等（2016 年）设计的单行精量玉米播种施肥机，种肥水平间距 10~15cm 可调。高富强（2016 年）研发了可随时调节施肥量的绞龙式排肥器，用于玉米免耕播种。左兴健等（2016 年）将设计的侧深施肥装置用于水稻插秧机上，采用电机驱动、风送肥料。吕彬等（2015 年）设计了有侧深施肥装置的大豆免耕播种机，田间试验表明，种肥垂直间距、水平间距均符合设计要求。

综上所述，国内对排种与施肥装置的研究，早期主要针对排种器，随着国家对农机产业的大力扶持，近年来对开沟器、仿形机构、覆土镇压装置和施肥装置的研究力度也不断加大，改善了播种质量，提高了种子出苗率和玉米产量。

1.4　主要研究内容与方案

1.4.1　主要研究内容

本书针对东北保护性耕作中免耕播种技术发展要求，在综合分析国内外免耕播种机研究与应用现状基础上，确定了研究目标和研究内容。主要研究内容如下：

（1）免耕播种田间工况测试与研究。对不同耕作模式耕层土壤的温度、含水率、土壤容重、碱解氮、有效磷、有效钾、有机质含量、坚实度、pH 的影响，探究适宜东北玉米垄作的耕作模式，为玉米垄作播种机械化的发展提供参考依据。

（2）东北玉米垄作新型免耕播种机工作机理及关键部件的设计研究。分析切拨防堵装置和仿形机构的工作机理，确定其结构和尺寸；对播种单体理论分析,构建播深稳定的数学模型,探索提高播深稳定性的方式,设计播种开沟器及压种覆土装置;针对镇压轮工作技术要求,分析其工作机理和受力,探讨影响镇压轮压强的因素;分析施肥开沟的工作机理,确定施肥开沟装置的结构和尺寸。

(3) 优化设计可高速播种的新型水平圆盘排种器。利用 EDEM 软件对排种过程与机理进行仿真模拟,通过台架试验寻求最优参数组合,通过田间试验验证新型水平圆盘排种器的工作性能。

(4) 拖拉机液压系统控制免耕播种机播深稳定分析。研究拖拉机液压系统对播种机播深控制的工作机理,以拖拉机和新型免耕播种机组作为研究对象,探求拖拉机液压系统控制免耕播种机作业深度的新途径。

(5) 免耕播种单体田间试验研究。将免耕播种单体田间试验测得的信号,通过 LABVIEW 和 Excel 软件处理,并利用 Matlab 软件进行分析,确定拖拉机液压系统对播深稳定的控制方式,探索免耕播种单体牵引阻力与播种深度的关系。

(6) 新型免耕播种机整机试验研究。通过室内性能试验和田间试验测定数据,确定免耕播种机作业效果符合设计要求,并寻求免耕播种机田间作业最佳工况组合,为研制性能优良的轻量化玉米垄作免耕播种机提供依据。

1.4.2　研究方法

大量查阅国内外文献,对东北玉米垄作区现有免耕播种机工作状况及玉米垄作的农艺要求进行广泛调研,全面掌握免耕播种机的工作机理和应达到的性能指标。通过力学分析、运动学分析、离散元仿真模拟等方法研究新型免耕播种机及其关键装置部件的工作机理与结构设计。运用系统论的方法,将拖拉机与新型免耕播种机作为系统进行研究,探求提高播深稳定性的方法。对新型免耕播种机播种单体和整机试验测得数据,运用计算机软件进行分析,为玉米垄作免耕播种机的评价和研制提供参考依据。

1.4.3　技术路线

通过对国内外免耕播种机及其关键装置发展现状的分析研究,采用虚拟样机设计、三维建模、理论分析、离散元仿真、模拟计算和试验研究等方法,设计新型免耕播种机并进行田间试验,研究的技术路线如图 1-21 所示。

1.4.4　拟解决的关键技术问题

本书研究要解决的关键技术问题主要包括以下五点:

(1) 对水平圆盘排种器的排种机理进行分析研究。

(2) 对侧深施肥装置的工作机理进行分析。

(3) 研究免耕播种机播深稳定性控制的关键技术,构建播深稳定的数学模

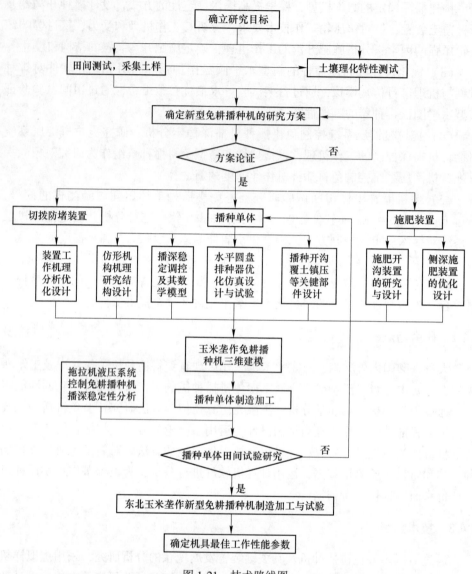

图 1-21　技术路线图

型，找出其变化规律和影响参数。

（4）控制新型免耕播种机破茬犁刀入土深度和播种深度的关键技术。

（5）对免耕播种机工作机理进行研究，研制轻量化悬挂式免耕施肥播种机，适用于中国东北地区玉米垄作的免耕播种。

2 免耕播种的耕层土壤条件研究

2.1 东北玉米垄作区不同耕作模式分析

东北地区地处中国北方高寒易旱区，常年气温低、无霜期短。冬春季寒冷风大，春旱严重，降雨量集中在夏季高温季节。鉴于当地气候条件，农耕特点为播种时需要提高地温，作物生长期内需要注意抗旱防涝。垄作耕作法夏季多雨时可利用垄沟排水防涝，干旱时可利用垄沟灌水，使垄体水分保持适宜玉米生长的水平。垄作耕法已经成为东北地区行之有效并沿用至今的提高地温、抗旱防涝的耕作方法。

东北垄作玉米常见的耕作模式主要包括以下五种：

（1）传统耕作，即多年来农民沿用下来的传统垄作，秋天收获玉米后通过铧式犁翻土，然后用圆盘耙耙地、镇压，来年春天起垄播种，即早年辽宁省农机化的"四全经验"：全翻、全耙、全镇压、全起垄。

（2）免耕秸秆覆盖是指秋天收获玉米时留30cm左右高的秸秆和根茬在田间，来年春天不进行任何动土作业，直接在有根茬的原垄上进行播种，一次性完成开沟、播种、施肥、覆土镇压工作。

（3）深松覆盖是指秋天收获玉米后将玉米秸秆和根茬全部还田，然后进行深松，松土一般深度可达到30~40cm，深松后机械起垄，第二年春天在新起的垄上进行播种。

（4）深翻秸秆还田是指秋天收获玉米后进行翻土处理，将玉米秸秆和根茬还田，翻土深度一般可达30~35cm，然后起垄，第二年春天在新起的垄上进行播种。

（5）浅旋灭茬是指秋天收获玉米后，进行浅旋灭茬，然后起垄，第二年春天在新起的垄上进行播种。

2.2 垄形断面几何模型

垄作为玉米的生长发育创造良好的土壤条件，为发挥垄作优势，保持垄形尺寸十分重要。课题组深入东北三省玉米垄作地区，调查研究玉米播种时耕层土壤断面尺寸，如图2-1和表2-1所示。

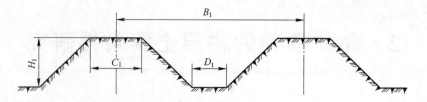

图 2-1　垄形断面几何模型

H_1—垄高，mm；B_1—垄距，mm；C_1—垄台宽，mm；D_1—垄沟宽，mm

表 2-1　东北地区免耕播种垄形尺寸参数

地　区	垄形尺寸参数/mm			
	H_1	B_1	C_1	D_1
苏家屯	91	600	300	150
彰武	110	570	310	120
铁岭	82	600	350	150
平均值 $\overline{X}$	94.3	590	320	140
标准差 S	11.67	14.14	21.60	14.14
变异系数 CV/%	12.34	2.40	6.75	10.10
梨树	100	650	330	100
公主岭	110	600	350	96
平均值 $\overline{X}$	105	625	340	98
标准差 S	5	25	10	2
变异系数 CV/%	4.76	4	2.94	2.04
青冈	120	650	330	170
大庆	110	630	310	150
平均值 $\overline{X}$	115	640	320	160
标准差 S	5	10	10	10
变异系数 CV/%	4.35	1.56	3.13	6.25

注：其中，苏家屯、彰武、铁岭为辽宁省地区，梨树、公主岭为吉林省地区，青冈、大庆为黑龙江省
地区。

从表 2-1 数据分析得出，黑龙江地区的垄高、垄距和垄沟宽的尺寸明显比吉林和辽宁地区尺寸大。东北地区垄形受地理气候等环境因素的影响较大，垄形尺寸不规范。将同一地区相同地块的垄形进行对比发现，传统垄作垄高为 130～180mm，免耕垄作垄高为 94.3～115mm。调查数据说明当下玉米免耕播种的垄形逐渐不明显。为适应玉米作业机械对行作业，建议辽宁省垄作统一行距为 550～600mm，各地可以调整播种的株距以满足当地对保苗株数的要求。

2.3 土壤理化分析

2.3.1 研究区域概况

本试验选取耕作模式较多，有东北玉米垄作区代表性特征的辽宁省铁岭市铁岭县镇西堡镇的玉米田作为试验地。

辽宁省铁岭县（东经 123°28′ 至 124°33′，北纬 41°59′ 至 42°33′，海拔236m），地处辽宁省北部，属于中温带亚湿润区季风型大陆性气候，四季分明。近 20 年平均降水量 675mm，降雨主要集中在夏季，雨热同季。全年无霜期短，只有 146 天左右，主要粮食作物为玉米，一年一熟。

试验地土壤类型为草甸土，基础肥力见表2-2。

表 2-2 试验地基础肥力

土壤深度 /cm	碱解氮 /mg·kg⁻¹	有效磷 /mg·kg⁻¹	有效钾 /mg·kg⁻¹	有机质 /g·kg⁻¹	土壤容重 /g·cm⁻³	pH
0~20	86.25	45.01	219.63	19.309	1.22	6.73

2.3.2 试验设计

试验设置了 5 个处理，传统耕作（TF）、免耕秸秆覆盖（NT）、深松覆盖（ST）、深翻秸秆还田（PT）、浅旋灭茬（RT），每个处理小区面积为 150m×10m，采用随机区组设计，3 次重复，试验区总面积为 23000m²。

2.3.3 土样采集与处理

土样在玉米春季播种当天现场采集，具体时间分别是 2013 年 04 月 28 日、2014 年 05 月 8 日、2015 年 04 月 23 日。每个小区按字母"S"状随机选取五个采样点，在每个采样点测定土壤温度、土壤坚实度，并在垄台断面 0~20cm 深均匀取土，每个采样点取等量土样，然后将同一耕作模式下所取土样混合均匀。将采集到的土样带回实验室，以测定耕层土壤质量含水量，氮、磷、钾、有机质含量，土壤容重及 pH，每个处理重复 3 次。将不同模式土样测定数据进行对比分析，研究不同耕作模式对耕层土壤理化性质的影响，探讨适用于中国东北玉米垄作区的最优耕作模式。

装在铝盒中用来测定土壤质量含水量的土样，回到实验室要立即着手进行测定。其余土样剔除石块、植物残茬等杂质，及时摊薄置于整洁无污染的室内通风处自然风干。将风干后的土壤样品压碎、研磨至可通过 1mm（20 目）孔径筛，混匀以供 pH、碱解氮、有效磷、有效钾的测定。取出部分继续用研钵细磨至全部通过 0.149mm（100 目）孔径筛，供测定有机质使用。

2.3.4 试验结果与分析

试验数据采用 Excel 2003 和 SPSS 统计分析软件进行处理分析。

2.3.4.1 不同耕作模式对土壤温度的影响

土壤温度对播种时间以及播种后种子发芽有非常重要的影响。为利于种子发芽出苗，播种时 0~10cm 的土层温度应达到并稳定在 8~12℃。对东北垄作地区不同耕作模式的土壤在同一时间使用河北华宇仪表厂生产的角型玻璃温度计（测量范围–20~50℃）进行地温的测量。测量深度示意如图 2-2 所示，结果见表 2-3。

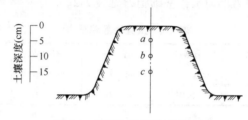

图 2-2　温度测定深度示意图

表 2-3　不同耕作模式同时间的垄台土壤温度

年份	深度/cm	传统耕作/℃	深松覆盖/℃	免耕留茬覆盖/℃	深翻秸秆还田/℃	浅旋灭茬/℃
2013	5	16.3	17.4	17.9	16.8	16.6
	10	12.6	13.9	14.3	13.3	13.1
	15	11.1	11.8	12.3	11.4	11.7
2014	5	16.2	17.3	17.6	17.0	16.3
	10	12.1	13.4	14.1	13.1	13.5
	15	11.5	11.8	12.4	11.7	11.2
2015	5	16.6	17.7	18.2	16.5	17.0
	10	13.2	13.9	14.4	13.5	13.4
	15	11.3	12.2	12.6	11.5	11.4

由表 2-3 可知，随着土壤深度增加，土壤温度降低。总的来说，同深度的土壤温度，秸秆还田模式高于传统垄作，其中免耕留茬覆盖最高。说明在东北高寒区，留茬覆盖模式对保护地表温度起着积极的作用。春季气温开始回升，播种机时清垄装置会清除垄台表面的秸秆、残茬，便于垄台吸收太阳辐射，土壤温度升高，利于种子发芽。土壤温度在 15cm 处温度差异不大，说明留茬覆盖的影响主

要在于近地表的土壤温度。

2.3.4.2 不同耕作模式对土壤坚实度的影响

土壤坚实度不但可以表征土壤质地、结构等理化性状,还能够反映出土壤被机械压实的程度。不同耕作模式不同深度的土壤坚实度应用 SC900 数字式土壤坚实度仪来测量,数据见表 2-4。

由表 2-4 可知,随着土壤深度增加,土壤坚实度增大。传统耕作耕层土壤坚实度最小,是因为经过翻、耙、起垄,耕层土壤疏软,但土壤松软导致耕层水分散发快,不利于耕层土壤蓄水保墒,因而不利于种子发芽。三年测定数据显示,免耕覆盖模式土壤坚实度高于其余耕作模式,主要是由于现行免耕覆盖是在传统耕作基础上直接实行,长期传统耕作形成的犁底层依然存在。

表 2-4 不同耕作模式下的垄台土壤坚实度

年份	深度/mm	传统耕作/kPa	深松覆盖/kPa	免耕留茬覆盖/kPa	深翻秸秆还田/kPa	浅旋灭茬/kPa
2013	5	55	70	216	100	55
	10	140	140	355	152	210
	15	210	351	781	430	621
	20	670	540	1120	670	710
	30	1460	650	1228	740	1008
2014	5	55	55	300	70	70
	10	125	140	556	210	141
	15	263	302	820	360	352
	20	720	520	1228	630	690
	30	1460	630	1400	780	1200
2015	5	70	60	377	83	55
	10	140	200	620	210	280
	15	236	301	1108	429	423
	20	880	470	1306	470	680
	30	1400	670	1554	830	1328

2.3.4.3 不同耕作模式对土壤含水率的影响

土壤质量含水率体现不同耕作模式蓄水保墒的能力,直接决定着种子的发芽率和幼苗的生长情况,因而土壤质量含水率是土壤物理性质的一项重要指标。土壤质量含水量用烘干法测定。

先将干净的带盖铝盒放入预热至 105℃ 的干燥箱（GZX-9140ME 数显鼓风干燥箱）中烘 2h，取出后移入干燥器内冷却至室温，用电子秤（BS200S 型电子天平，精度为 $0.1×10^{-4}g$，北京赛多利斯天平有限公司生产）称重记作 m_3，准确至 $10^{-4}g$。然后取刚采集回来的田间新鲜土样约 20g，捏碎，迅速装入已知质量的铝盒中，盖紧盒盖，并将铝盒外表擦拭干净，立即称重得 m_1。揭开盒盖将其套在铝盒下面，置于已经预热至（105±2）℃ 的烘箱中烘 24h，取出后盖好盖子，立即放入干燥器中冷却至室温，立即称重得 m_2。土壤质量含水率计算公式如下：

$$\omega_0 = \frac{m_1 - m_2}{m_2 - m_3} \times 100\% \qquad (2-1)$$

式中　ω_0——土壤质量含水率，%；

m_1——烘干前铝盒和湿土样的总质量，g；

m_2——烘干后铝盒和土样总质量，g；

m_3——烘干空铝盒质量，g。

图 2-3 所示为不同耕作模式对耕层土壤含水率的影响，从图 2-3 可以看出，耕层土壤质量含水率最高的是免耕留茬覆盖（NT），其次是深松覆盖（ST）、深翻秸秆还田（PT）、浅旋灭茬（RT），传统耕作（TF）最低。

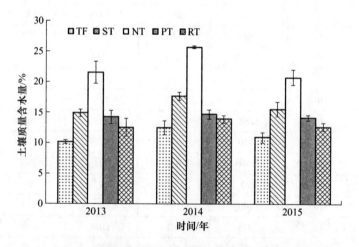

图 2-3　不同耕作模式对耕层土壤含水率的影响

表 2-5 中三年的不同耕作模式下耕层土壤质量含水率测定数据表明，土壤含水率与其被扰动程度成反比。免耕覆盖（NT）从秋收到第二年春播期间对土壤丝毫没有机械扰动，其土壤质量含水率最高；深松覆盖（ST）、深翻秸秆还田（PT）模式也会降低土壤含水率；浅旋灭茬（RT）仅对耕层土壤进行旋耕，会极大降低耕层土壤中的含水率；传统耕作中的翻、耙、起垄每一步操作都对土壤造成很大扰动，因而其土壤含水率最低。

表 2-5 不同耕作模式下耕层土壤质量含水率

年份	传统耕作 /%	深松覆盖 /%	免耕留茬覆盖 /%	深翻秸秆还田 /%	浅旋灭茬 /%
2013	10.05	14.84	21.48	14.15	12.46
2014	12.39	17.64	25.70	14.65	13.89
2015	10.84	15.49	20.75	14.08	12.56
平均值 $\overline{X}$	11.09	15.99	22.64	14.29	12.97
标准差 S	1.19	1.47	2.67	0.31	7.99
变异系数 CV/%	10.7	9.2	11.8	2.2	6.2

从图 2-3 可以看出，春播时节免耕覆盖（NT）土壤质量含水率明显优于其余耕作模式。说明免耕覆盖对土壤的保水能力有显著提高作用。秸秆还田模式土壤含水率都比传统耕作高，说明秸秆还田对土壤蓄水保墒能力有提升作用。

2.3.4.4 不同耕作模式对土壤容重的影响

土壤容重是指田间自然状态下单位体积的土壤烘干后的质量。土壤容重可以直接反映土壤的紧实程度，是评价土壤物理性质的一项重要指标。土壤容重小说明土壤空隙多，通气透水性好；反之则土壤紧实，通气透水性差，保肥保墒能力低，阻碍玉米根系生长发育，增加生长后期发生倒伏的可能性，影响产量。一般情况下，适合玉米生长的土壤容重范围是 $1.1 \sim 1.3 \mathrm{g/cm^3}$。

土壤容重通常用环刀法测定。具体操作为：擦净环刀，称取其质量 w_0，将取样点上覆盖的杂物清扫干净，保持导杆垂直，将环刀水平地打入取土层，至环盖顶面与定向筒上口齐平，轻轻取下环盖，用切土刀将环刀上下多余土样整齐切至与环刀平齐，测定环刀内湿土及环刀的总质量 w。将环刀内的原状土样取出，带回实验室晾干测定土壤容重。

土壤容重计算公式为：

$$r_s = \frac{w - w_0}{V_0(1 + w_0)} \tag{2-2}$$

式中　r_s——土壤容重，$\mathrm{g/cm^3}$；

　　　w——环刀内湿土及环刀的总质量，g；

　　　w_0——环刀质量，g；

　　　V_0——环刀容积，$\mathrm{cm^3}$。

图 2-4 所示为不同耕作模式对耕层土壤容重的影响，从图 2-4 可以看出，深松覆盖（ST）小幅降低了土壤容重，免耕留茬覆盖（NT）、深翻秸秆还田（PT）、浅旋灭茬（RT），传统耕作（TF）皆不同程度地增大了土壤容重。

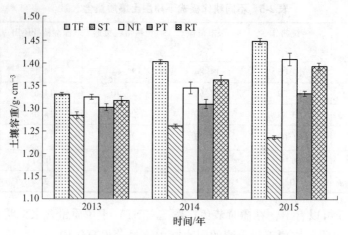

图 2-4　不同耕作模式对耕层土壤容重的影响

表 2-6 中三年的不同耕作模式下耕层土壤容重测定数据表明，深松覆盖（ST）土壤容重小，说明耕层土壤比较疏松，传统耕作（TF）加剧土壤容重最严重。

表 2-6　不同耕作模式下耕层土壤容重

年份	传统耕作 /g·cm⁻³	深松覆盖 /g·cm⁻³	免耕留茬覆盖 /g·cm⁻³	深翻秸秆还田 /g·cm⁻³	浅旋灭茬 /g·cm⁻³
2013	1.33	1.29	1.33	1.30	1.32
2014	1.40	1.26	1.35	1.31	1.36
2015	1.45	1.24	1.41	1.33	1.39
平均值 $\overline{X}$	1.39	1.26	1.36	1.3	1.36
标准差 S	0.06	0.025	0.04	0.02	0.035
变异系数 CV/%	4.3	1.9	3.1	1.1	2.6

图 2-5 为同一耕作模式在不同年份对耕层土壤容重的影响，深松覆盖（ST）明显降低了耕层土壤容重，深翻秸秆还田（PT）对耕层土壤容重影响较小，免耕留茬覆盖（NT）和浅旋灭茬（RT）加大耕层土壤容重程度基本一致，传统耕作（TF）明显加大了土壤容重，表明犁底层严重降低了土壤的通透性，对作物生长产生不利的影响。

2.3.4.5　不同耕作模式对土壤有机质含量的影响

土壤有机质是土壤的重要组成部分。有机质在土壤中含量虽少，但在肥力方面起的作用却非常大。有机质富含的多种营养元素是土壤微生物活动能量的重要来源，而微生物能使土壤疏松形成有利于玉米成长的结构。有机质含量是判断土

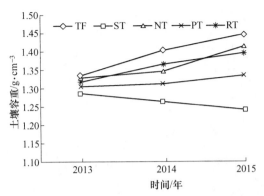

图 2-5 同一耕作模式在不同年份对耕层土壤容重的影响

壤肥力的重要指标之一，土壤有机质既可以为玉米直接提供养分，又可以改善土壤物理结构。

土壤有机质含量用 $K_2Cr_2O_7$-H_2SO_4 稀释热法测定。测定原理是，将过 100 目（0.150mm）孔径筛的风干土样 0.5g 放进 500mL 的三角瓶，准确加入刚配置好的 1mol/L（$\frac{1}{6}K_2Cr_2O_7$）溶液 10mL，转动三角瓶使之混合均匀，再加入 20mL 浓 H_2SO_4，轻轻转动瓶子，使得试剂与土壤充分混合，静止约 30min，加入水至 250mL，加入 1mL 邻啡罗啉指示剂，然后用 0.5mol/L 的标准 H_2SO_4 溶液滴定，滴定开始时以 $K_2Cr_2O_7$ 的橙色为主，滴定过程中渐现 Cr^{3+} 的绿色，快到终点变为灰绿色，如变为砖红色，表示终点已到，图 2-6 所示为溶液颜色的变化过程，滴定用去的 H_2SO_4 体积，记为 V_1。同法做空白滴定，空白滴定用的 H_2SO_4 体积，记为 V_2。

土壤有机质含量的计算公式为：

$$p_o = \frac{g_1(V_1 - V_2) \times 3 \times 1.33}{m_0} \tag{2-3}$$

$$q = 1.724 p_o \tag{2-4}$$

式中　p_o——土壤有机碳含量，g/kg；

　　　g_1——0.5mol/L 的标准 H_2SO_4 溶液滴定浓度，g/mL；

　　　V_1——滴定用掉的 H_2SO_4 体积，mL；

　　　V_2——空白滴定用掉的 H_2SO_4 体积，mL；

　　　q——土壤有机质含量，g/kg；

　　　m_0——称取的风干土样质量，g。

图 2-7 所示为不同耕作模式对耕层土壤有机质含量的影响，由图 2-7 显示，不同耕作模式对土壤有机质含量的影响不同。传统耕作（TF）的土壤有机质含

(a) 　　　　　　　　　　　　　　　　　　　 (b)

图 2-6　土壤有机质含量测定过程中溶液颜色变化过程

（a）硫酸亚铁滴定；（b）滴定过程中以重铬酸钾颜色变化

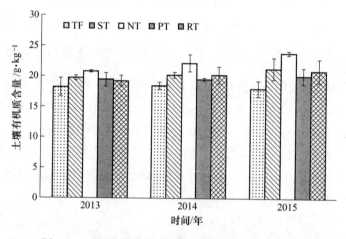

图 2-7　不同耕作模式对耕层土壤有机质含量的影响

量小幅降低。秸秆还田耕作模式土壤有机质含量明显高于传统耕作（TF）。测定结果表明，免耕留茬覆盖（NT）的土壤有机质含量最高，其次是深松覆（ST）盖，再次为浅旋灭茬（RT），深翻秸秆还田（PT）最低。土壤扰动程度被认为是引起农田土壤有机质含量下降的主要原因，土壤扰动越大，0~20cm 耕层土壤有机质逸出越严重，则土壤有机质含量越低。

　　不同耕作模式下耕层土壤有机质含量见表 2-7。由表 2-7 中 2015 年测定结果表明，免耕留茬覆盖（NT）比传统耕作（TF）提高 32.2%；深松覆盖（ST）比传统耕作（TF）提高 18.5%；深翻秸秆还田（PT）比传统耕作（TF）提高 11.2%；浅旋灭茬（RT）比传统耕作（TF）提高 16.0%。

将三年测定数据进行对比分析，表明秸秆还田对耕层土壤有机质含量有显著的提高作用，免耕留茬覆盖（NT）是其中最优耕作模式。

表 2-7　不同耕作模式下耕层土壤有机质含量

年份	传统耕作 /g·kg⁻¹	深松覆盖 /g·kg⁻¹	免耕留茬覆盖 /g·kg⁻¹	深翻秸秆还田 /g·kg⁻¹	浅旋灭茬 /g·kg⁻¹
2013	18.23	19.69	20.83	19.49	19.25
2014	18.45	20.20	22.14	19.52	20.05
2015	18.01	21.34	23.80	20.02	20.89
平均值 $\overline{X}$	18.24	20.41	22.26	19.68	20.06
标准差 S	0.22	0.84	1.49	0.29	0.82
变异系数 CV/%	1.2	4.1	6.7	1.5	4.1

2.3.4.6　不同耕作模式对土壤碱解氮含量的影响

土壤碱解氮也称为土壤有效性氮，主要包括无机的矿物态氮和部分易分解的有机态氮，其含量与土壤的有机质含量以及土壤本身的水热条件有很大的关联。土壤碱解氮含量情况能大致反映出这一时期内土壤供氮情况，跟玉米产量呈一定的相关性。

应用碱解扩散法测定土壤碱解氮含量。将精确称取的 20 目（0.850mm）风干土样 2.0g 均匀铺平于扩散皿（也称康卫皿）外室，加入 2mL 的硼酸（H_3BO_3）指示剂至康卫皿内室，在其边缘均匀涂抹碱性胶，然后盖上毛玻璃，转动几次使之与毛玻璃黏合良好，再慢慢推开毛玻璃使其豁口处露出康卫皿外室，迅速滴入 10.0mL 的 1mol/L 的 NaOH 溶液，立即推回毛玻璃盖严康卫皿。缓缓旋动康卫皿，使得 NaOH 溶液与土样混合均匀，用橡皮筋固定好毛玻璃，小心平放到 40℃ 的干燥箱中，恒温 24h 后取出，打开康卫皿，内室液体用标准酸滴定，记下用掉标准酸的体积 V；同时进行的空白实验，用掉标准酸的体积记为 V_0。

土壤碱解氮含量计算公式为：

$$s_N = \frac{g_2(V_3 - V_4) \times 14}{m_0} \times 1000 \tag{2-5}$$

式中　s_N——土壤碱解氮含量，mg/kg；

　　　g_2——标准酸的浓度，mol/L；

　　　V_3——滴定用的标准酸体积，mL；

　　　V_4——空白实验滴定用的标准酸体积，mL；

　　　m_0——称取的风干土样质量，g。

　　图 2-8 所示为不同耕作模式对耕层土壤碱解氮含量的影响，从图 2-8 可以看出，不同耕作模式土壤碱解氮含量差异显著。秸秆还田耕作模式的土壤碱解氮含量提高，具体为：免耕留茬覆盖（NT）高于深松覆盖（ST）高于深翻秸秆还田（PT）高于浅旋灭茬（RT）；传统耕作（TF）条件下土壤碱解氮含量略有下降。可见耕作模式与秸秆还田是土壤碱解氮含量差异的主要原因。

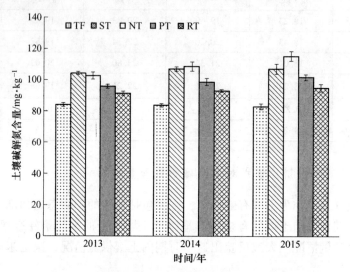

图 2-8　不同耕作模式对耕层土壤碱解氮含量的影响

　　不同耕作模式下耕层土壤碱解氮含量见表 2-8。由表 2-8 中 2015 年数据分析可得到，免耕留茬覆盖（NT）比传统耕作（TF）提高 39.1%；深松覆盖（ST）比传统耕作（TF）提高 28.9%；深翻秸秆还田（PT）比传统耕作（TF）提高 22.5%；浅旋灭茬（RT）比传统耕作（TF）提高 14.2%。

表 2-8　不同耕作模式下耕层土壤碱解氮含量

年份	传统耕作 /mg·kg^{-1}	深松覆盖 /mg·kg^{-1}	免耕留茬覆盖 /mg·kg^{-1}	深翻秸秆还田 /mg·kg^{-1}	浅旋灭茬 /mg·kg^{-1}
2013	84.23	104.05	102.79	95.85	91.26
2014	83.65	107.16	108.83	98.85	93.11
2015	83.08	107.17	115.57	101.79	94.89
平均值 $\bar{X}$	83.65	106.12	109.06	98.83	93.09
标准差 S	0.58	1.79	6.39	2.97	1.82
变异系数 CV/%	0.7	1.7	5.9	3.0	1.9

　　由此可见，秸秆还田对土壤碱解氮含量有提高。免耕留茬覆盖提高土壤碱解氮含量作用显著。这可能与免耕留茬覆盖提高耕层土壤有机质含量有关。

2.3.4.7　不同耕作模式对土壤有效磷含量的影响

土壤中有效磷的含量，不仅与土壤全磷含量有关，更是由土壤理化性质所制约。土壤中有效磷的含量是土壤理化性质的一项重要指标。

有效磷含量用 $NaHCO_3$ 浸提剂-钼锑钪比色法测定，应用 VIS-7200A 分光光度计进行比色。取 20 目（0.850mm）风干土样 2.500g 置于 150mL 的三角瓶中，加入 50mL 的 0.5mol/L 的 $NaCO_3$ 溶液和一勺无磷炭，密封三角瓶，然后放振荡机上 16~200r/min 的振荡频率振荡 30min，取下后将三角瓶内的溶液立即用无磷滤纸过滤。取 10mL 过滤液于 150mL 三角瓶中，准确加入 35mL 水，后用移液管加入 5mL 钼锑钪试剂，静置 30min，用 VIS-7200A 分光光度计进行比色。将空白实验的吸收值记为 0，读出测定液的吸收值。

土壤有效磷含量计算公式为：

$$t_P = \frac{\rho V_5 D_2}{m_0} \tag{2-6}$$

式中　t_P——土壤有效磷含量，mg/kg；

　　　ρ——从标准曲线上查得的显色液磷的质量浓度，$\mu g/mL$；

　　　V_5——显色液定容体积，mL；

　　　D_2——分取倍数；

　　　m_0——称取的风干土样质量，g。

从图 2-9 对连续三年耕层土壤有效磷含量的对比分析发现，传统耕作（TF）会小幅降低耕层土壤有效磷含量；秸秆还田模式小幅提高有效磷含量。免耕留茬覆盖（NT）模式土壤有效磷含量明显高于其余四种模式，且上升幅度最大。

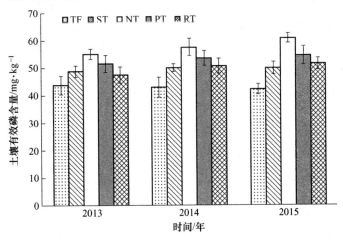

图 2-9　不同耕作模式对耕层土壤有效磷含量的影响

不同耕作模式下耕层土壤有效磷含量见表 2-9。从表 2-9 中 2015 年数据分析可得，免耕留茬覆盖（NT）土壤有效磷含量比传统耕作（TF）提高 43.6%；深松覆盖（ST）比传统耕作（TF）提高 18.1%；深翻秸秆还田（PT）比传统耕作（TF）提高 29.1%；浅旋灭茬（RT）比传统耕作（TF）提高 22.3%。

表 2-9   不同耕作模式下耕层土壤有效磷含量

年份	传统耕作 /mg·kg⁻¹	深松覆盖 /mg·kg⁻¹	免耕留茬覆盖 /mg·kg⁻¹	深翻秸秆还田 /mg·kg⁻¹	浅旋灭茬 /mg·kg⁻¹
2013	43.57	48.60	54.65	51.36	47.22
2014	42.65	49.82	57.19	53.13	50.43
2015	42.07	49.68	60.42	54.29	51.44
平均值 $\overline{X}$	42.76	49.37	57.42	52.93	49.71
标准差 S	0.76	0.67	2.89	1.48	2.20
变异系数 CV/%	1.8	1.4	5.0	2.8	4.4

作为本试验中唯一一组没有秸秆还田的传统耕作（TF），耕作后耕层土壤有效磷含量降低，秸秆还田耕作模式的耕层土壤有效磷含量都显著增加。

2.3.4.8   不同耕作模式对土壤有效钾含量的影响

有效钾在参与细胞的渗透调节、促进光和呼吸作用、提高玉米对病害不良环境的抵抗性等多方面影响着玉米生长，因此，土壤中有效钾含量对玉米生长非常重要。

有效钾含量经醋酸铵浸提，用原子吸收分光光度计测定。将 20 目（0.850mm）风干土样 2.5g 放入 100mL 三角瓶中，加入 50mL 的 1mol/L NH_4OA_C 溶液并密封，置于振荡机上震荡 30min 后，用干的普通定性滤纸进行过滤，滤液同钾标准系列一起在原子吸收分光光度计上测定，并从绘制的标准曲线上求出浓度。测定过程如图 2-10 所示。

土壤有效钾含量的计算公式为：

$$r_K = \frac{V_6 w_1}{m_0} \tag{2-7}$$

式中 r_K——土壤有效钾含量，mg/kg；

　　　　w_1——待测液的质量浓度，μg/mL；

　　　　V_6——加入的浸提剂体积，mL；

　　　　m_0——称取的风干土样质量，g。

图 2-11 所示为不同耕作模式对耕层土壤有效钾含量的影响。由图 2-11 可以看出，试验地有效钾含量较高，除传统耕作（TF）会小幅降低土壤有效钾外，

(a)

(b)

图 2-10 测定耕层土壤有效钾含量

（a）标准液定容；（b）普通定性滤纸过滤

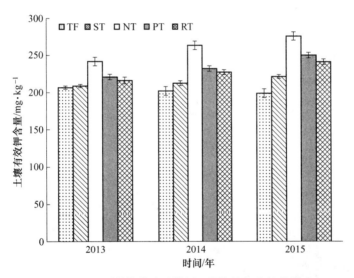

图 2-11 不同耕作模式对耕层土壤有效钾含量的影响

秸秆还田模式相对于传统耕作（TF）的土壤有效钾含量都达到了显著程度。深松覆盖（ST）对耕层土壤有效钾含量影响不大；深翻秸秆还田（PT）和浅旋灭茬（RT）会有效提高耕层土壤有效钾含量；免耕留茬覆盖（NT）土壤有效钾含量提升幅度最大。

不同耕作模式下耕层土壤有效钾含量见表 2-10。如表 2-10 中 2015 年数据分析，免耕留茬覆盖（NT）比传统耕作（TF）提高 38.3%；深松覆盖（ST）比传统耕作（TF）提高 11.1%；深翻秸秆还田（PT）比传统耕作（TF）提高 25.4%；浅旋灭茬（RT）比传统耕作（TF）提高 21.1%。

表 2-10　不同耕作模式下耕层土壤有效钾含量

年份	传统耕作 /mg · kg^{-1}	深松覆盖 /mg · kg^{-1}	免耕留茬覆盖 /mg · kg^{-1}	深翻秸秆还田 /mg · kg^{-1}	浅旋灭茬 /mg · kg^{-1}
2013	206.91	208.89	241.64	221.23	216.58
2014	202.01	212.40	262.95	232.18	226.61
2015	199.27	221.38	275.63	249.84	241.32
平均值 $\bar{X}$	202.73	214.22	260.07	234.42	228.17
标准差 S	3.87	6.44	17.18	14.44	12.44
变异系数 CV/%	1.9	3.0	6.6	6.2	5.5

由分析可见，留茬覆盖相对于传统耕作（TF）的土壤有效钾含量达到显著程度。传统耕作（TF）会导致耕层土壤有效钾含量有所降低；秸秆还田模式耕层土壤有效钾含量都增加显著。将秸秆还田模式进行比较，免耕覆盖（NT）有效钾含量最高，深翻秸秆还田（PT）次之，然后是浅旋灭茬（RT），深松覆盖（ST）最低。

2.3.4.9　不同耕作模式对土壤 pH 的影响

土壤酸碱度用 pH 来表示。土壤 pH 在 6.5~7.5 的中性范围时，土壤中的微生物活性最好，偏酸或者偏碱，都会严重抑制微生物的活性，影响土壤养分的转化和供应，进而影响田间作物的生长发育。

取 5.0g 风干土样，加入 25mL 的蒸馏水，用磁力搅拌器搅拌 1min，静置 30min 后，用 pHS-3C 型数字 pH 计测定土壤 pH，如图 2-12 所示。

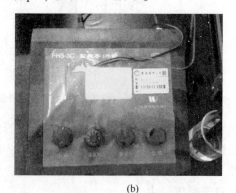

(a)　　　　　　　　　　　　　　　　　(b)

图 2-12　测定耕层土壤 pH

(a) 磁力搅拌器；(b) pHS-3C 型数字 pH 计

不同耕作模式下耕层土壤 pH 见表 2-11。由表 2-11 可见，连续三年对不同耕作模式耕层土壤 pH 进行检测，发现传统耕作（TF）土壤趋于碱性。秸秆还田使东北黑土保持弱酸性，主要是秸秆腐解产生有机物的影响。

表 2-11 不同耕作模式下耕层土壤 pH

年份	传统耕作	深松覆盖	免耕留茬覆盖	深翻秸秆还田	浅旋灭茬
2013	7.73	7.40	6.47	7.47	7.24
2014	7.47	6.78	6.75	7.62	6.96
2015	8.14	6.92	6.53	7.45	7.41
平均值 $\overline{X}$	7.78	7.03	6.58	7.51	7.20
标准差 S	0.34	0.32	0.15	0.093	0.23
变异系数 $CV/\%$	4.3	4.6	2.2	1.2	3.2

3 东北玉米垄作新型免耕播种机的总体设计

3.1 新型免耕播种机设计方案

玉米垄作免耕播种整机要求在原垄上进行播种，播后保持垄形完好，以发挥垄作优势。但现有的玉米免耕播种机有的先旋耕再播种，播后破坏原垄，形成新沟，作业功耗大；有的自重过大，播种后垄台几乎被压平且对土壤压实严重。新型轻量化垄作玉米免耕播种机设计要求为：

(1) 适用于东北垄作区行距 550~600mm 的悬挂式玉米免耕播种机；

(2) 配套动力为 22.05kW 拖拉机，整机质量在 500kg 以下。

3.2 总体结构及工作机理

3.2.1 总体结构

玉米垄作新型免耕播种机三点悬挂于拖拉机后方，主要由上下悬挂点、机架、破茬犁刀、清垄器、施肥开沟装置、播种仿形机构、播种开沟器、压种覆土装置、排肥地轮、排种地轮、水平圆盘排种器、种子箱、外槽轮排肥器和肥箱组成，如图 3-1 所示。

破茬犁刀和清垄器组成的切拨防堵装置和施肥开沟装置左右对称安装在机架前梁上，播种仿形机构、播种开沟器、压种覆土装置、排种地轮和种子箱等组成的播种单体左右对称安装在机架的后梁上，安装时切拨防堵装置与播种开沟器前后对正。外槽轮排肥器和肥料箱安装在支架的左右两侧横梁上，驱动外槽轮排肥器的排肥地轮安装在后梁上，位于两个播种单体之间。播种时底肥施肥量较大，为防止烧苗，采用侧深施肥，因此施肥开沟器与破茬犁刀和播种开沟器左右错开一定距离。整机结构紧凑，功能齐全，可一次完成破茬清垄、侧深施肥、精量播种和覆土镇压的功能。两行播种机的播种行距、破茬犁刀的破茬深度、侧深施肥距离、播种开沟深度、播种粒距和施肥量均为可调。

3.2.2 工作机理

玉米垄作新型免耕播种机通过三点悬挂装置与拖拉机连接。位于免耕播种机最前方的破茬犁刀将垄台上的玉米秸秆、根茬和土壤切开，紧靠其后的口肥导肥

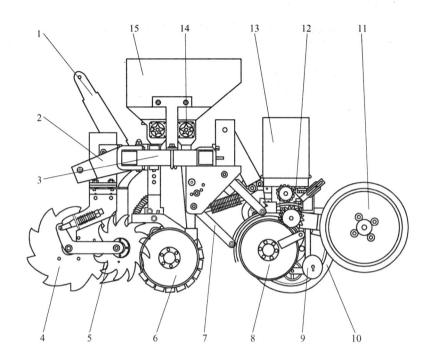

图 3-1　玉米垄作新型免耕播种机结构示意图

1—上悬挂点；2—下悬挂点；3—机架；4—破茬犁刀；5—清垄器；6—施肥开沟装置；
7—播种仿形机构；8—播种开沟器；9—压种覆土装置；10—排肥地轮；11—排种地轮；
12—水平圆盘排种器；13—种子箱；14—外槽轮排肥器；15—肥料箱

管施加口肥。导肥管两侧的清垄器将垄台上的杂草和秸秆等杂物推向垄沟。随着免耕播种机前进，排肥地轮紧贴地面受地面摩擦力产生转动，获得的动力经链传动传至外槽轮排肥器，排肥器排出底肥，排肥仿形开沟器在种侧 50~100mm 处开出比种沟深 30~50mm 的肥沟，底肥经导肥管排入沟底。排肥系统有两个外槽轮排肥器，同时排出口肥和底肥。播种地轮受地面摩擦力获得动力，通过链传动传给水平圆盘排种器，排种器排出的种子经导种管落入种沟内，经压种覆土和播种地轮镇压，完成施肥播种过程。

玉米垄作新型免耕播种机的破茬犁刀和种肥开沟器都是被动式，无需动力驱动。拖拉机行驶至地块边缘时，驾驶人员操控拖拉机液压悬挂装置将整个播种机抬起，地轮不受地面摩擦力而停止转动，排种器和排肥器随之停止工作。

3.2.3　主要技术参数

所设计的玉米垄作新型免耕播种机适用于中国东北玉米垄作区春季玉米免耕

播种，主要技术参数见表 3-1。

表 3-1 玉米垄作新型免耕播种机主要技术参数

编号	参数	数值/类型
1	外形尺寸（长×宽×高）/mm×mm×mm	1924×1048×1152
2	配套动力/kW	22.05kW（30 马力）以上轮式拖拉机
3	结构质量/kg	470
4	工作行数	2
5	适应行距/mm	550~600
6	工作幅宽/mm	1100~1200
7	破茬部件	阿基米德螺线形犁刀
8	清垄部件	清垄轮
9	施肥开沟器	缺口盘+光面圆盘
10	播种开沟器	光面双圆盘
11	排种器形式	水平圆盘式
12	种箱容积/L	14
13	排肥器形式	外槽轮式
14	口肥箱容积/L	13
15	底肥箱容积/L	21
16	压种轮	橡胶轮
17	覆土方式	V 形安装的双圆盘小轮
18	动力传递方式	地轮+链传动
19	播种粒距/mm	170~340（可调）
20	运输间隙/mm	302

3.3 传动系统的设计

玉米垄作新型免耕播种机的传动系统包括播种传动系统和排肥传动系统，都是由动力获得装置、传动装置和执行装置组成。播种传动系统示意图如图 3-2 所示。

播种装置由地轮转动提供动力，经两级链传动、一级锥齿轮传动，到达水平圆盘排种器进行播种。根据播种机空间安排和传动关系，两级链轮传动的链齿数分别为 $Z_1 = 15$，$Z_2 = 17$，$Z_3 = 23$，$Z_4 = 18$，锥齿轮传动中，$Z_x = 7$，$Z_d = 25$。则播种总传动比为：

$$i = \frac{Z_1}{Z_2} \cdot \frac{Z_3}{Z_4} \cdot \frac{Z_x}{Z_d} \tag{3-1}$$

将各轮齿数目代入式（3-1），得播种总传动比 $i = 0.32$。

施肥传动系统示意图如图3-3所示，动力由排肥地轮提供，经过两级链轮传动传送到底肥排肥器，链轮齿数分别为 $Z_5 = 19$，$Z_6 = 20$，$Z_7 = 19$，$Z_8 = 20$，因此底肥传动比为 $i_1 = 0.95$。动力到口肥排肥器再加一级传动，第三级传动的链轮齿数为 $Z_9 = 11$，$Z_{10} = 23$，则口肥的传动比为 $i_2 = 0.29$。

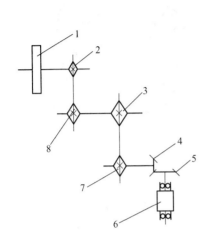

图3-2　播种传动示意图

1—播种地轮；2—链轮1；3—链轮3；
4—小锥齿轮；5—大锥齿轮；
6—水平圆盘排种器；7—链轮4；8—链轮2

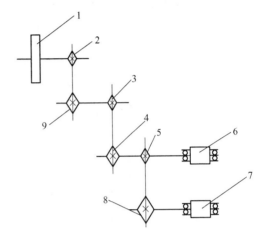

图3-3　施肥传动示意图

1—排肥地轮；2—链轮5；3—链轮7；4—链轮8；
5—链轮9；6—底肥排肥器；7—口肥排肥器；
8—链轮10；9—链轮6

3.4　切拨防堵装置的设计

切拨防堵装置主要由切拨防堵装置连接架、阿基米德螺线形破茬犁刀、清垄器压缩弹簧、清垄器和固定螺栓等组成，如图3-4所示。装置安装在玉米垄作新型免耕播种机的机架前梁上，采用单破茬犁刀，为了保证破茬开沟宽度，破茬犁刀轴线与水平线倾斜6°安装。口肥导肥管安装在破茬犁刀后、左右两个清垄器之间。

田间作业时，破茬犁刀在拖拉机牵引力作用下前进，同时在土壤摩擦力作用下绕安装轴滚动。清垄器采用浮动连接，田间作业时在压缩弹簧及地表覆盖物作用下能够自行调节高度。破茬犁刀切割玉米根茬时，由于根茬长在土壤中不会发生移动，属于有支撑切割，如图3-5（a）所示；当破茬犁刀切断秸秆时属于无支撑切割，如图3-5（b）所示。

对图3-5（b）中被切割的秸秆进行受力分析：

$$\begin{cases} F_1 + F_2\cos\theta_L = N_2\sin\theta_L \\ F_2\sin\theta_L + N_2\cos\theta_L = N_1 \end{cases} \quad (3\text{-}2)$$

式中　F_1——秸秆受到土壤的摩擦力，N；

F_2——秸秆受到破茬犁刀的摩擦力，N；

N_1——秸秆受到地面的支撑力，N；

N_2——秸秆受到破茬犁刀的压力，N；

θ_L——破茬犁刀对秸秆的压力作用线与铅垂线的夹角，(°)。

切割时秸秆要不被破茬犁刀推开，需满足：

$$F_1 + F_2\cos\theta_L \geqslant N_2\sin\theta_L \quad (3\text{-}3)$$

玉米秸秆与地面的摩擦角用 α_0 表示，与破茬犁刀的摩擦角用 β_0 表示，有：

$$\begin{cases} F_1 = N_1\tan\alpha_0 \\ F_2 = N_2\tan\beta_0 \end{cases} \quad (3\text{-}4)$$

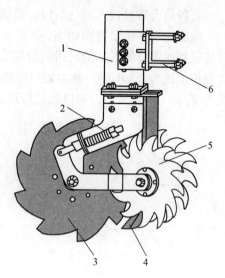

图 3-4　切拨防堵装置

1—切拨防堵装置连接架；2—清垄器压缩弹簧；

3—破茬犁刀；4—口肥导肥管；

5—清垄器；6—固定螺栓

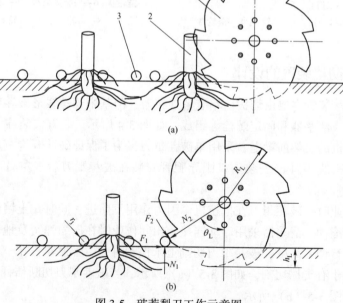

图 3-5　破茬犁刀工作示意图

（a）破茬犁刀切割根茬；（b）破茬犁刀切断秸秆

1—破茬犁刀；2—玉米根茬；3—秸秆

将式 (3-4) 代入式 (3-2) 和式 (3-3)，可得：

$$\alpha_0 + \beta_0 \geqslant \theta_L \tag{3-5}$$

又

$$\cos\theta_L = 1 - \frac{h_L + 2r_J}{R_L + r_J} \tag{3-6}$$

式中 h_L——破茬犁刀破茬深度，mm；

r_J——秸秆半径，mm；

R_L——破茬犁刀半径，mm。

将式 (3-6) 代入式 (3-5)，可得：

$$\arccos\left(1 - \frac{h_L + 2r_J}{R_L + r_J}\right) \leqslant \alpha_0 + \beta_0 \tag{3-7}$$

根据田间试验测得的数据，东北玉米垄作区玉米根上节深度为 60～90mm，计算时破茬深度 h_L 取 100mm；秸秆直径为 12～25mm，r_J 取 25mm；秸秆与土壤摩擦角在 30.84°～31.44°之间，α_0 取 31°；秸秆与材料为 65Mn 的破茬犁刀的摩擦角平均值为 23°～33°，β_0 取 33°。由式 (3-7) 可得破茬犁刀半径范围为 $R_L \geqslant 210$mm。

破茬犁刀的刃口曲线采用阿基米德螺线，如图 3-6 所示，犁刀半径的极坐标方程为：

$$R_L = R_0 + K\varphi_L \tag{3-8}$$

式中 R_L——破茬犁刀极半径，mm；

R_0——破茬犁刀的起始半径，mm；

K——常数；

φ_L——破茬犁刀极角，(°)。

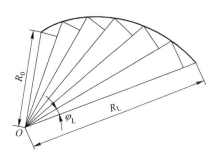

图 3-6 阿基米德螺线示意图

若播种时播种机前进速度为 v_m 时，犁刀以角速度 ω 转动，犁刀齿数为 Z_L，最大极径为 R_1，缺口包角为 δ，如图 3-7 所示，则犁刀转过 1 圈所需要的时间 t_1 为：

$$t_1 = \frac{2\pi}{v_m} \cdot \frac{\displaystyle\int_0^{\frac{360}{Z_L}} (R_0 + K\varphi_L)\,\mathrm{d}\varphi_L}{\dfrac{360}{Z_L}} \tag{3-9}$$

又

$$K = \frac{R_1 - R_0}{\delta} \tag{3-10}$$

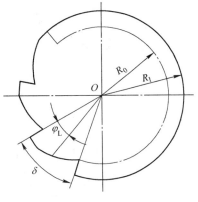

图 3-7 阿基米德螺线形犁刀

得 $\qquad$ $t_1 = \dfrac{\pi}{v_m}(R_1 + R_0)$ $\qquad$ (3-11)

可见，破茬犁刀田间工作时自身转动 1 圈所需的时间 t_1 与播种机前进速度成反比，与犁刀半径成正比，即播种机前进速度越大，犁刀转过 1 圈所需要时间越短；半径越大，转过 1 圈所需的时间越长。t_1 与犁刀齿数 Z_L 无关。

结合破茬犁刀的作业参数，破茬深度为 70~100mm，开沟宽度为 40~50mm 考虑，将其尺寸参数确定为：Z_L 为 9 齿，最大极径 R_1 为 215mm，起始半径 R_0 为 175mm，包角 δ 为 40°。

犁刀与前进方向偏离角度为 α_L，则破茬犁刀开沟宽度 b_L 为：

$$b_L = 2R_1\sin\alpha_L \qquad (3-12)$$

将 $R_1 = 215$mm，$\alpha_L = 6$°代入式（3-12），可得破茬犁刀开沟宽度 b_L 为 45mm。

3.5　仿形机构的设计

免耕播种机田间作业时，残留的玉米根茬和土壤阻力复杂多变，因而性能可靠的仿形机构成为免耕播种机必不可缺的重要机构。玉米垄作新型免耕播种机采用单体仿形，仿形机构主要由悬挂板、限位板、仿形上连杆、仿形下连杆、仿形弹簧、仿形弹簧拉板和仿形横梁组成，并通过铰制螺栓与播种中心机架相连。悬挂板、仿形上连杆、仿形横梁和仿形下连杆组成四杆仿形机构。安装在仿形弹簧拉板和仿形上连杆之间的仿形拉压弹簧既可以起到仿形作用，又可以向播种单元传递机组加载的下压力。限位板固定在悬挂板上，限制仿形上连杆的转动角度。

播种机田间作业时，四连杆仿形机构在纵向铅垂面内的受力如图 3-8 所示，压种轮受力（P_x，P_z）和覆土器受力（Q_x，Q_z）都较小，因此受力分析时经常将两者合并到开沟器的受力上，即对 R_x、R_z 分别乘以系数 λ，经实测取 $\lambda = 1.1 \sim 1.2$。

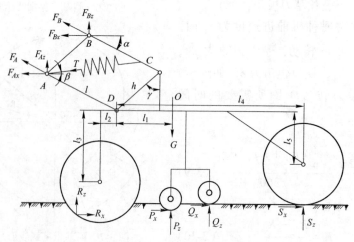

图 3-8　播种机单体受力示意图

播种机工作稳定时，单体受力为：

$$F_{Ax} + F_{Bx} + T\cos\beta - \lambda R_x - S_x = 0 \tag{3-13}$$

$$F_{Az} + F_{Bz} - T\sin\beta + \lambda R_z + S_z - G = 0 \tag{3-14}$$

取 $\sum M_A = 0$，得：

$$\lambda R_x[l\sin\alpha + l_3] + \lambda R_z[l\cos\alpha - l_2] + S_z[l\cos\alpha + l_4] +$$

$$S_x[l\sin\alpha + l_5] - G[l\cos\alpha + l_1] + F_{Bx}h\cos\gamma + F_{Bz}h\sin\gamma = 0 \tag{3-15}$$

式中　F_A——仿形四连杆上拉杆受力，N；

　　　F_B——仿形四连杆下拉杆受力，N；

　　　α——BC 杆与水平方向的夹角，(°)；

　　　β——仿形弹簧与水平方向的夹角，(°)；

　　　γ——CD 杆与竖直方向的夹角，(°)；

　　　T——弹簧受力，N；

　　　R——播种开沟器所受工作阻力，N；

　　　R_x——播种开沟器所受水平工作阻力，N；

　　　R_z——播种开沟器所受垂直工作阻力，N；

　　　P_x——压种轮所受水平工作阻力，N；

　　　P_z——压种轮所受垂直工作阻力，N；

　　　Q_x——覆土器所受水平工作阻力，N；

　　　Q_z——覆土器所受垂直工作阻力，N；

　　　S_x——仿形轮所受水平工作阻力，N；

　　　S_z——仿形轮所受垂直工作阻力，N；

　　　G　——播种单体的重量，N；

　　　l_1——播种单体质心到四连杆 D 点的水平距离，mm；

　　　l_2——开沟器质心到四连杆 D 点的水平距离，mm；

　　　l_3——开沟器质心到四连杆 D 点的垂直距离，mm；

　　　l_4——仿形轮质心到四连杆 D 点的水平距离，mm；

　　　l_5——仿形轮质心到四连杆 D 点的垂直距离，mm；

　　　l——平行四连杆长杆的长度，mm；

　　　h——平行四连杆短杆的长度，mm。

以播种机田间作业稳定为前提条件，根据实际需要的仿形量来确定仿形四连杆的结构尺寸。免耕播种机仿形机构的仿形量根据田间作业的地形地貌和地表不平度情况确定，通常上下仿形量为 80~100mm。平行四杆仿形机构的结构参数如图 3-9 所示。

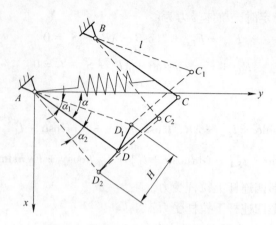

图 3-9 仿形四连杆机构结构示意图

由图 3-9 可知，上下仿形机构的总仿形量 H 为：

$$H = \sqrt{l^2 + l^2 - 2l \cdot l \cdot \cos(\alpha_2 + \alpha_1)} = l\sqrt{2 - 2\cos(\alpha_2 + \alpha_1)} \qquad (3\text{-}16)$$

由式（3-16）可知，在仿形量相同的情况下，平行四杆仿形机构的拉杆 l 长度越大，牵引角 α 的变化范围越小；l 值越小，牵引角 α 的变化范围越大。从播种机田间工作情况考虑，牵引角变化范围越小，播种机工作稳定性越好，即拉杆长度 l 大一些对播种机稳定性有利。但从另一方面来说，拉杆长度 l 大，势必会使得播种机重心后移，对悬挂式播种机组的纵向稳定性不利。

综合考虑，确定平行四杆仿形机构的上仿形角 $\alpha_1 = 10°$，工作角 $\alpha = 21°$，下仿形角 $\alpha_2 = 10°$，$l = 250\text{mm}$，两连杆之间距离 $AB = 110\text{mm}$，代入式（3-16），计算得 $H = 87\text{mm}$，符合仿形量为 $80 \sim 100\text{mm}$ 的要求，可见，仿形机构设计合理。

3.6 播种单体播深稳定性分析

播种深度稳定是评价播种机工作性能的重要指标之一。播种深浅不一致、过深或过浅都会影响出苗率，进而影响到玉米的产量，因此保证播种深度稳定至关重要。免耕播种机田间作业时，玉米秸秆和残茬等覆盖物导致作业条件不均衡，加大了保持播种深度稳定的难度。通过运动学分析，构建播种单体播深稳定的数学模型，并分析影响播深稳定的参数，找出其影响因素。

对式（3-13）、式（3-14）和式（3-15），有：

$$\begin{cases} F_{Ax} = F_A \cos\alpha \\ F_{AZ} = F_A \sin\alpha \\ F_{Bx} = F_B \cos\alpha \\ F_{BZ} = F_B \sin\alpha \\ S_x = \mu S_z \\ R_x = f R_z \end{cases} \qquad (3\text{-}17)$$

式中 μ——仿形轮摩擦因数；

f——开沟器摩擦因数。

由式（3-13）和式（3-17）可得：

$$S_z = \frac{G + T\sin\beta + T\cos\beta\tan\alpha - \lambda R_z - \lambda f R_z \tan\alpha}{1 + \mu\tan\alpha} \quad (3\text{-}18)$$

播种单体田间作业时，要保证开沟深度稳定，仿形轮必须有一定的下压力，即 $S_z > 0$，由式（3-18）可得播种单体重量范围为：

$$G > \lambda R_z + \lambda f R_z \tan\alpha - T\sin\beta - T\cos\beta\tan\alpha \quad (3\text{-}19)$$

可见，仿形机构安装弹簧可使播种单体在保持播深稳定的前提下减重，可有效改变播种开沟深度完全依赖播种机自身重量的现状，有利于实现播种机轻量化。安装仿形弹簧，可使播种单体减轻的重量 ΔG 为：

$$\Delta G = T\sin\beta + T\cos\beta\tan\alpha \quad (3\text{-}20)$$

对于仿形弹簧，图 3-10 表示了其三种工作状态，其中 3-10（a）表示的是播深稳定时弹簧的状态，此时弹簧受拉力。当遇到障碍物时，地轮被抬高，仿形机构状态如图 3-10（b）所示，此时随着仿形角的变化，弹簧被拉长产生更大的变形量，给四连杆向下的拉力增大，使得地轮贴紧地面，起到很好的仿形效果。图 3-10（c）表示下仿形时，弹簧长度缩短，对地轮施加的下压力减小。

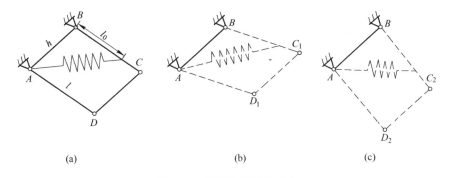

图 3-10　仿形弹簧工作状态

（a）正常作业时；（b）上仿形；（c）下仿形

根据设计要求，当播种地轮被抬高 50mm 时，仿形弹簧受力为 650N，弹簧的变形量为 31.26mm，则由库克定律，可得仿形弹簧的刚度系数 $k = 21$N/mm。

若播种机组以速度 v_m 匀速前进，此时播种开沟稳定在某一深度值，仿形机构牵引角记为 α，播种单体质心记为 $O_1(x_0, z_0)$。若机组受到扰动力矩 M 作用，单体开沟变浅，使得牵引角向上摆动 φ 角，单体质心移到 $O_2(x, z)$ 位置上，如图 3-11 所示。

产生扰动后，播种单体质心位置可表示为：

$$
\begin{cases}
x = x_0 + v_m t - l[\cos(\alpha - \varphi) - \cos\alpha] \\
z = z_0 + l[\sin\alpha - \sin(\alpha - \varphi)]
\end{cases}
\tag{3-21}
$$

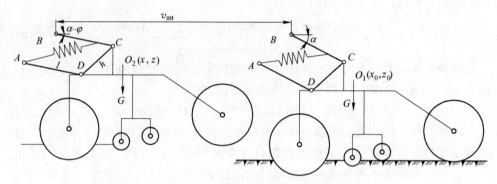

图 3-11　播深稳定性分析示意图

质心随机组前进而移动的速度为：

$$
\begin{cases}
\dot{x} = v_m - l\dot{\varphi}\sin(\alpha - \varphi) \\
\dot{z} = l\dot{\varphi}\cos(\alpha - \varphi)
\end{cases}
\tag{3-22}
$$

将牵引角度变化值 φ 为广义坐标，根据拉格朗日第二方程，建立播种单体的运动微分方程为：

$$
\begin{cases}
\dfrac{\mathrm{d}}{\mathrm{d}t}\left(\dfrac{\partial T_0}{\partial \dot{\varphi}}\right) - \dfrac{\partial T_0}{\partial \varphi} = Q_\varphi \\
M\delta_\varphi = \theta_\varphi \delta_\varphi
\end{cases}
\tag{3-23}
$$

θ_φ 为广义力，动态系统的动能 T_0 为：

$$
T_0 = \frac{1}{2}m(\dot{x})^2 + \frac{1}{2}m(\dot{z})^2 + \frac{1}{2}I_0(\dot{\theta})^2 = \frac{1}{2}m[v_m^2 - 2v_m l\dot{\varphi}\sin(\alpha - \varphi) + l^2\dot{\varphi}^2] + \frac{1}{2}I_0\dot{\varphi}^2
\tag{3-24}
$$

式中　m——播种单体系统的质量，kg；

I_0——系统对重心轴线的转动惯量，kg·m²。

系统动能 T_0 对 $\dot{\varphi}$ 的偏导数为：

$$
\frac{\partial T_0}{\partial \dot{\varphi}} = -mv_m l\sin(\alpha - \varphi) + ml^2\dot{\varphi} + I_0\dot{\varphi}
\tag{3-25}
$$

$\dfrac{\partial T_0}{\partial \dot{\varphi}}$ 对时间 t 的导数为：

$$
\frac{\mathrm{d}}{\mathrm{d}t}\left(\frac{\partial T_0}{\partial \dot{\varphi}}\right) = mv_m l\dot{\varphi}\cos(\alpha - \varphi) + ml^2\ddot{\varphi} + I_0\ddot{\varphi}
\tag{3-26}
$$

$$\frac{\partial T_0}{\partial \varphi} = m v_m l \dot{\varphi} \cos(\alpha - \varphi)$$

则式（3-23）可转换为：

$$(m l^2 + I_0) \ddot{\varphi} = Q_\varphi \tag{3-27}$$

可见，系统受到的扰动力矩就等于广义力，即：

$$Q_\varphi = \lambda R_x [l \sin(\alpha - \varphi) + l_3] + \lambda R_z [l \cos(\alpha - \varphi) - l_2] + S_z [l \cos(\alpha - \varphi) + l_4] +$$
$$S_x [l \sin(\alpha - \varphi) + l_5] - G [l \cos(\alpha - \varphi) + l_1] - F_{Bx} h \cos\gamma - F_{Bz} h \sin\gamma \tag{3-28}$$

数值上可认为上、下拉杆的受力比较接近，由力的平衡可得：

$$F_{Bx} = \frac{1}{2} (\lambda f R_z + \mu S_z - T \cos\beta)$$

$$F_{Bz} = \frac{1}{2} (T \sin\beta + G - \lambda R_z - S_z)$$

将 F_{Bx} 和 F_{Bz} 代入式（3-28），整理得：

$$Q_\varphi = c_1 \cos\varphi - c_2 \sin\varphi + c_3$$

则式（3-23）变换为：

$$(m l^2 + I_0) \ddot{\varphi} = c_1 \cos\varphi - c_2 \sin\varphi + c_3 \tag{3-29}$$

式中

$$c_1 = \lambda l R_z + l S_z - G l - \frac{h}{2} \lambda f R_z - \frac{h}{2} \mu S_z + \frac{h}{2} T \cos\beta;$$

$$c_2 = l \lambda f R_z + l \mu S_z + \frac{h}{2} T \sin\beta + \frac{h}{2} G - \frac{h}{2} \lambda R_z - \frac{h}{2} S_z;$$

$$c_3 = \lambda f R_z l_3 - \lambda R_z l_2 + S_z l_4 + \mu S_z l_5 - G l_1 \,\text{。}$$

对式（3-29）积分，得：

$$(\dot{\varphi})^2 = \frac{2}{m l^2 + I_0} (c_1 \sin\varphi + c_2 \cos\varphi + c_3 \varphi + k_1) \tag{3-30}$$

初始条件为 $t = 0$ 时，有 $\varphi = 0$，$\dot{\varphi} = 0$，得：$k_1 = -c_1$。

φ 很小时，有 $\sin\varphi \approx \varphi$，$\cos\varphi \approx 1 - \frac{\varphi^2}{2}$，$\sin(\alpha - \varphi) \approx \sin\alpha$，代入上式得：

$$(\dot{\varphi})^2 = \frac{c_1}{m l^2 + I_0} \left[2 \frac{c_2 + c_3}{c_1} \varphi - \varphi^2 \right]$$

摆角 φ 的一次导数为：

$$\dot{\varphi} = \frac{\mathrm{d}\varphi}{\mathrm{d}t} = \sqrt{\frac{c_1}{m l^2 + I_0}} \cdot \sqrt{2 \frac{c_2 + c_3}{c_1} \varphi - \varphi^2} \tag{3-31}$$

对式（3-31）积分，得：

$$t = \sqrt{\frac{ml^2 + I_0}{c_1}} \arcsin\left(1 - \frac{c_1}{c_2 + c_3}\varphi\right) + a_2 \qquad (3-32)$$

对 t 由初始积分条件可求得：

$$a_2 = \frac{\pi}{2\sqrt{\dfrac{c_1}{ml^2 + I_0}}}$$

则可求得摆动角 φ 为：

$$\varphi = \frac{c_2 + c_3}{c_1}\left[1 - \cos\left(\sqrt{\frac{c_1}{ml^2 + I_0}} \cdot t\right)\right] \qquad (3-33)$$

将 c_1，c_2，c_3 代入，得：

$$\varphi = \frac{l\lambda f R_z + l\mu S_z + \dfrac{h}{2}T\sin\beta + \dfrac{h}{2}G - \dfrac{h}{2}\lambda R_z - \dfrac{h}{2}S_z + \lambda f R_z l_3 - \lambda R_z l_2 + S_z l_4 + \mu S_z l_5 - Gl_1}{\lambda l R_z + l S_z - Gl - \dfrac{h}{2}\lambda f R_z - \dfrac{h}{2}\mu S_z + \dfrac{h}{2}T\cos\beta}$$

$$\left[1 - \cos\left(\sqrt{\frac{\lambda l R_z + l S_z - Gl - \dfrac{h}{2}\lambda f R_z - \dfrac{h}{2}\mu S_z + \dfrac{h}{2}T\cos\beta}{ml^2 + I_0}} \cdot t\right)\right]$$

$$(3-34)$$

式（3-34）即为表征玉米垄作新型免耕播种机播种单体播深稳定的数学模型，仿形机构摆角 φ 越小，单体播深稳定性越高。模型反映了播种单体的播深稳定与单体重量、转动惯量、四连杆仿形机构尺寸、弹簧作用力等参数有关，仿形机构上弹簧的作用力有利于减小单体作业的最大摆动角，提高了播深稳定性。

3.7 播深调节机构的设计

为使免耕播种机适应不同的播深要求，设计可快速调节播深的播深调节机构。玉米垄作新型免耕播种机的播深调节机构由限深凸轮、卡爪、限位挡板、链轮壳体、传动链轮、链条、地轮轴、播深调节中轴、拉紧弹簧和止动块组成，如图 3-12 所示。

播种地轮通过地轮轴与链轮壳体固定在一起，可绕播深调节中轴转动。调整播种开沟至理想深度后，将限深凸轮和链轮壳体上的孔对齐，将卡爪上的定位销穿过，则限深凸轮和链轮壳体被固定成一体。播种机工作时，若播种开沟深度变大，则开沟器高度下降，播种地轮升高，地轮带动链轮壳体和限深凸轮一起有顺时针转动的趋势，此时仿形四连杆上的止动块会卡住卡爪，同时拉紧弹簧给链轮壳体施加逆时针转矩，使得播种地轮正常工作时能够紧贴地面，止动块和拉紧弹

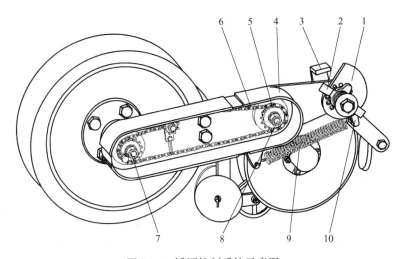

图 3-12 播深控制系统示意图

1—限深凸轮；2—卡爪；3—限位挡板；4—链轮壳体；5—传动链轮；
6—链条；7—地轮轴；8—播深调节中轴；9—拉紧弹簧；10—止动块

簧两者共同作用，使得开沟深度逐渐变浅，从而稳定播种开沟器的开沟深度。若开沟深度变小，则开沟器升高，播种地轮、链轮壳体和限深凸轮有逆时针转动的趋势，此时限位挡板会卡住限深凸轮，限制其产生转动，从而稳定播种开沟器开沟深度。

播深调节机构由链轮壳体、限深凸轮、定位销组成，如图 3-13 所示。要改变播种深度，只需拔出定位销，转动限深凸轮至想要的播深，使限深凸轮孔与链轮壳体上的限位孔 A 对齐，将定位销重新穿过 A 孔即可。微调播深时将限位凸轮上的孔与链轮壳体上的微调限位孔 B 对齐，用定位销穿过 B 孔定位。播深调节过程简单、易于操作。

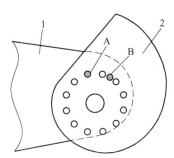

图 3-13 播深调节机构简图

1—链轮壳体；2—限深凸轮；
A—链轮壳体上的限位孔；B—链轮壳体上的微调限位孔

3.8　免耕播种开沟器的设计

免耕播种开沟是在破茬犁刀切过的土壤重新开出种沟，并不需要播种开沟器具备很强的破茬能力，采用双平面圆盘开沟。田间作业时，双圆盘在拖拉机牵引力的作用下随播种机组前进，同时在土壤摩擦力作用下绕各自的安装轴线做旋转运动。开沟器工作下压力由播种单体的系统重量和仿形弹簧压力提供。工作过程中，为了防止泥土等杂物进入双圆盘之间造成堵塞，在两个圆盘的内外各安装有内外刮泥板。

结合地轮尺寸考虑，双圆盘开沟器直径 D_0 取 304mm。两个平面圆盘相互倾斜对称安装，形成的夹角用 β_3 表示，导种管固定在两个开沟盘之间。夹角 β_3 越大，开沟阻力越大且容易破坏垄形；β_3 越小，开沟阻力小且易于保持垄形，但过小又难以容纳导种管。对于双圆盘开沟器，β_3 一般取值范围为 12°~16°，本设计中 β_3 取 12°。

开沟时，两个平面圆盘各开出一条沟，两条沟形成一个凸埂。种沟宽度较小时，土埂宽度对播种深度的影响较小，可以忽略。因此，两个平圆盘的交点位置非常重要，一般情况下 α_3 取 15°，如图 3-14 所示。此时双圆盘开沟器的开沟宽度 b_z 为：

$$b_z = B_1B_2 = 2m_zB_2\sin\frac{\beta_3}{2} \tag{3-35}$$

$$m_zB_2 = \frac{D_0}{2}(1 - \sin\alpha_3) \tag{3-36}$$

$$b_z = D_0(1 - \sin\alpha_3)\sin\frac{\beta_3}{2} \tag{3-37}$$

将参数取值代入式（3-37），得开沟宽度 $b_z = 24$mm。

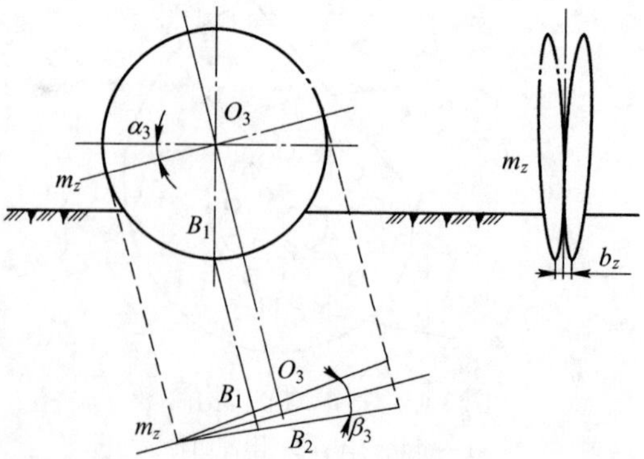

图 3-14　双圆盘开沟器的开沟宽度示意图

3.9　压种覆土机构设计

压种覆土作业分别由压种轮和覆土器完成。压种轮和覆土器铰接在覆土器连接板上，连接板固定在播种中心机架上，如图 3-15（a）所示，压种轮紧跟双圆盘式排种开沟器，靠近导种管出口，利于种子从导种管落下即被压种轮压过定位以保证播种粒距。为防止压种轮对种子以及周围土壤过于压实，压种轮的最低点要比导种管高出大概一个玉米种子的尺寸。压种轮采用直径 100mm 的橡胶轮。

覆土器紧跟在压种轮的后方。覆土器的工作质量直接影响了播下的玉米种子的发芽率和出苗率。覆土器覆土要均匀，且不改变种子落在种沟内的位置。覆土器采用两个有弧度的圆盘呈"V"形安装，如图 3-15（b）所示。覆土器比压种轮高 10mm，采用单铰接安装，以防止发生壅土现象。

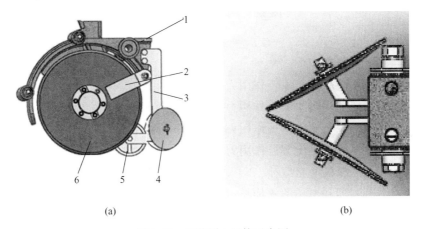

(a)　　　　　　　　　　　　　　　　(b)

图 3-15　压种覆土机构示意图

（a）压种轮覆土器位置；（b）覆土器 V 形安装

1—播种中心机架；2—外刮泥板；3—覆土器连接板；4—覆土器；5—压种轮；6—播种开沟盘

3.10　镇压轮的设计

镇压轮用来压碎土块，压实土壤，减少水分蒸发，使种子与湿土紧密接触，有利于种子的萌芽生长。免耕播种开沟较窄，土壤颗粒较大，难以保证土壤与种子接触良好，因此播种后的镇压非常必要。东北玉米垄作区春季干燥多风，多年的播种经验提倡"重镇压"，即镇压轮的对地压强要达到 39.2kPa。镇压轮受力分析如图 3-16 所示。

由镇压轮受力平衡得：

$$P - R_{3x} = 0 \tag{3-38}$$

$$G_1 - R_{3z} = 0 \tag{3-39}$$

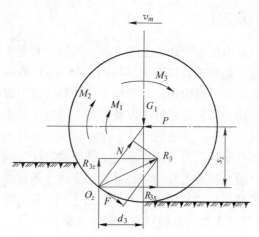

图 3-16　镇压轮受力示意图

$$Ps_z - G_1 d_3 - M_1 - M_2 - M_3 = 0 \tag{3-40}$$

式中　P——拖拉机牵引力，N；

　　　N——镇压轮受到土壤反作用力的轴向分力，N；

　　　F——镇压轮受到土壤反作用力的法向分力，N；

　　　R_{3x}——镇压轮受到土壤反作用力的水平分力，N；

　　　R_{3z}——镇压轮受到土壤反作用力的垂直分力，N；

　　　G_1——镇压轮的垂直载荷，N；

　　　M_1——开沟器和覆土器施加与镇压轮上的阻力矩，N·mm；

　　　M_2——镇压轮和其轴套之间的摩擦力矩，N·mm；

　　　M_3——驱动排种机构所需的力矩，N·mm；

　　　d_3——镇压轮垂直载荷 G_1 到 O_z 点的水平距离，mm；

　　　s_z——牵引力 P 到 O_z 点的垂直距离，mm。

由受力分析得到，当镇压轮作纯滚动时：

$$P \leqslant R_{3x} \tag{3-41}$$

$$Ps_z > G_1 d_3 + M_1 + M_2 + M_3 \tag{3-42}$$

当镇压轮滚动中有滑动时：

$$P > R_{3x} \tag{3-43}$$

$$Ps_z > G_1 d_3 + M_1 + M_2 + M_3$$

当镇压轮作纯滑动时：

$$P > R_{3x}$$

$$Ps_z < G_1 d_3 + M_1 + M_2 + M_3 \tag{3-44}$$

根据田间作业经验，镇压轮作纯滚动播种效果最好，一旦出现滑动现象，将造成播种不均匀,播种机无法正常播种作业。由式(3-41)~式(3-44)可得,适当增加镇压轮载荷、增大镇压轮的工作阻力,有利于镇压轮作纯滚动;减小镇压轮陷入土壤的深度和其工作阻力可降低镇压轮的作业能耗。因此,减小镇压轮载荷和工作阻力,可有效降低播种机作业能耗。

忽略镇压轮所受摩擦力,作如图 3-17 所示分析(s_1 为镇压轮压实土壤高度差,mm),可得:

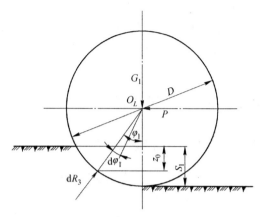

图 3-17 镇压轮所受外阻力示意图

$$P - \int dR_3 \sin\varphi_1 = 0 \tag{3-45}$$

$$dR_3 = -\frac{b_2 p_1 D d\varphi_1}{2}$$

$$\sin\varphi_1 = -\frac{2dz_0}{Dd\varphi_1}$$

式中　R_3——镇压轮受的土壤反作用力,N;

　　　b_2——镇压轮轮胎宽度,mm;

　　　p_1——镇压轮单位面积上的土壤反力,N;

　　　φ_1——镇压轮受的土壤反作用力与纵垂面夹角,(°);

　　　z_0——R_3 作用点与地表距离,mm;

　　　D——镇压轮直径,mm。

设:
$$P = \eta z^n$$

式中　η——土壤参数;

　　　z——镇压轮轮缘上某一点下陷的深度,mm。

则有:

$$P = \eta b_2 \int_0^{s_1} z^n dz = \eta b_2 \frac{s_1^{n+1}}{n+1} \tag{3-46}$$

展开成泰勒级数,并将 $P = R_{3x}$ 代入,可得:

$$R_{3x} = \frac{1}{(3-n)^{\frac{2n+2}{2n+1}}(n+1)b_2^{\frac{1}{2n+1}}\eta^{\frac{1}{2n+1}}} \times \left[\frac{3G_1}{\sqrt{D}}\right]^{\frac{2n+2}{2n+1}} \tag{3-47}$$

可见,镇压轮行走时所受的阻力与其承受的载荷、直径、轮宽以及土壤参数等因素有关。加大镇压轮的直径和宽度，都有利于减小其工作阻力。

　　垄作播种机上大多采用充气橡胶轮式镇压轮。镇压轮胶圈具有弹性，受压变形后靠自身弹性复原，压强较为恒定。设计中取镇压轮直径为450mm，轮宽为70mm。

3.11　施肥装置的设计

3.11.1　免耕播种机施肥装置的结构

　　为满足玉米在不同生长期内对肥料的需求，玉米垄作新型免耕播种机同时施加口肥和底肥。口肥排肥管布置在切拨防堵装置后方，直接将口肥施加在破茬犁刀开出的沟里。施肥装置由口肥箱、口肥排肥器、口肥导肥管、底肥箱、底肥排肥器、底肥导肥管、施肥开沟装置、传动链轮、施肥驱动地轮和张紧轮等组成，如图3-18所示。因破茬深度比播种深度大20~30mm，口肥不会烧种，可以给萌芽期的玉米种子提供养分。免耕要求作业机具进地次数尽可能少，因此底肥的施肥量要满足玉米整个生长期对肥料的需求，侧深施肥在不烧种的前提下满足这一要求。本设计采用在种子侧面50~100mm，下方深30~50mm的距离施肥。

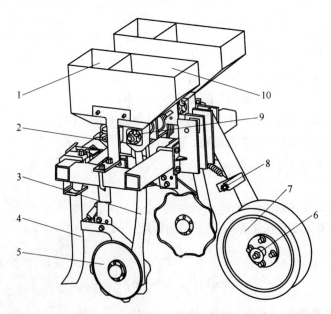

图3-18　施肥装置结构组成

1—口肥箱；2—口肥排肥器；3—底肥导肥管；4—口肥导肥管；5—施肥开沟盘；
6—传动链轮；7—排肥驱动地轮；8—张紧轮；9—底肥排肥器；10—底肥箱

　　工作时排肥驱动地轮紧贴地面，随着拖拉机前进，地轮受到地面的摩擦而转动获得的动力，经链传动传至外槽轮排肥器，分别给破茬犁刀后的口肥导肥管和施肥开沟盘间的底肥导肥管供肥。施肥装置结构紧凑，适用性强。施肥驱动地轮布置在两行播种机的中间部位，位于两个播种地轮之间。田间作业时，施肥驱动地轮行走在垄沟位置，利于播种机横向定位。

排肥器的种类很多，其中外槽轮式排肥器以其结构简单、造价低廉、排肥效果好等特点得到广泛的应用，因此设计中采用外槽轮式排肥器。设计的垄作免耕播种机同时施加底肥和口肥，两行总共需要四个排肥器，按照一侧两个、位置对称布局。肥箱由肥箱固定板经 U 形螺栓固定在机架的两侧梁上。

3.11.2 施肥开沟装置的设计

施肥开沟装置主要由机架固定板、侧向调节板、仿形弹簧、限位螺栓、开沟器圆盘、开沟器缺口盘、开沟盘安装支架和竖杆组成，如图 3-19（a）所示。垄台的侧深方向上没有粗壮的主根茬，为了顺利切开气生根根茬和次生根根茬，要求施肥开沟器有一定的破茬切断能力。缺口盘比平圆盘更容易入土，本设计中施肥开沟器采用半圆形缺口盘和平圆盘组合的开沟器，安装时半圆形缺口盘在机器内侧，平圆盘竖直与铅垂面呈 7°夹角安装于外侧，以保证一定的开沟宽度，如图 3-19（b）所示。

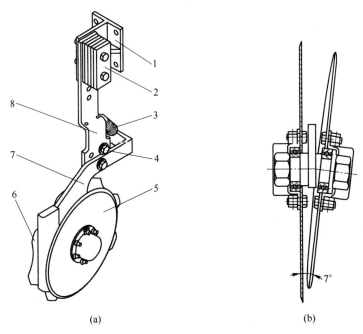

(a)   (b)

图 3-19　施肥开沟装置结构示意图

（a）施肥开沟装置；（b）圆盘和缺口盘安装位置示意

1—机架固定板；2—侧向调节板；3—仿形弹簧；4—限位螺栓；5—开沟器圆盘；

6—开沟缺口盘；7—开沟盘安装支架；8—竖杆

　　竖杆上加工有一列竖直排列的通孔，根据施肥深度选择适当的孔通过铰制螺栓与机架固定板连接，机架固定板通过 U 形螺栓固定在播种机前梁上。施肥开沟与种子的侧向距离可通过改变机架固定板在前梁上的位置来调节。

　　播种机作业时，滚动式施肥开沟装置能够切断玉米副根茎和田间杂草，防止挂草壅土。由于田间情况比较复杂，要求施肥开沟装置有较好的仿形能力，因而设有仿形弹簧，实现对地面的仿形。弹簧一端固定在竖杆上，另一端固定在开沟盘安装支架上。安装时弹簧有一定预紧力将开沟器拉紧，防止开沟器一接触土壤就被弹起，只有当土壤给开沟器的反作用力大于弹簧预紧力，也就是遇到硬物时，弹簧才会被继续拉长，开沟器绕铰接点转动，躲过硬物后，地面给开沟器的反作用力减小，小于弹簧预紧力，这样开沟器又会恢复原位。施肥开沟装置采用铰制螺栓限位，保证开沟器的开沟深度始终稳定在要求范围内。

4　水平圆盘排种器设计与试验

4.1　玉米种子物理特性的测定

　　排种器作为播种机的核心部件，其排种性能直接影响玉米的种植质量和产量。基于农机农艺相融合的观点，为提高所设计水平圆盘排种器的排种性能，对东北玉米种植区的玉米种子性状和物理特性进行研究，可为水平圆盘排种器的设计提供理论依据。

　　本书选取东北地区具有代表性的扁平玉米品种为研究对象，如图 4-1 所示，从左到右依次为：丹玉 336、丹玉 508、沈玉 26。测量种子的外形尺寸，并测定其物理特性。

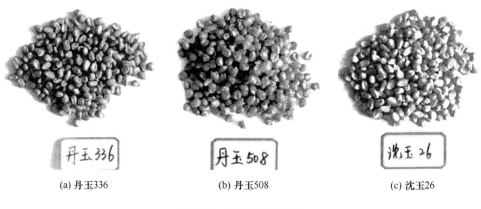

(a) 丹玉336　　　　　　(b) 丹玉508　　　　　　(c) 沈玉26

图 4-1　试验用玉米种子

4.1.1　种子籽粒含水率

　　采用烘干法对玉米种子的籽粒含水率进行测定。先将干净的带盖铝盒放入预热至 105℃ 的烘箱中烘 2h，取出后移入干燥器内冷却至室温，用 BS200S 型电子秤称重记作 m_4，准确至 0.001g。然后取已经粉碎的玉米种子 10g，迅速装入已知质量的铝盒中，盖紧盒盖，并将铝盒外表擦拭干净，称重得质量 m_5。揭开盒盖将其套在铝盒下面，置于已经预热至（105±2）℃ 的烘箱中烘 24h，取出后盖好盖子，放入干燥器中冷却至室温，称重得质量 m_6。每种种子 5 次重复试验，求取平均值作为种子的籽粒含水率。

玉米种子的籽粒含水率计算公式如下：

$$\omega_2 = \frac{m_5 - m_6}{m_6 - m_4} \times 100\% \qquad (4-1)$$

式中　ω_2——玉米种子的籽粒含水率，%；

　　　m_4——烘干空铝盒质量，g；

　　　m_5——烘干前铝盒和玉米种子的总质量，g；

　　　m_6——烘干后铝盒和玉米种子的总质量，g。

测定结果显示，丹玉 336 种子籽粒含水率为 13.1%，丹玉 508 种子籽粒含水率为 12.4%，沈玉 26 种子籽粒含水率为 12.8%。

4.1.2　种子千粒重和外形尺寸

从每份种子中随机抽取 1000 粒，使用精度为 0.001g 的电子秤称取质量，重复 3 次取平均值，得丹玉 336 种子千粒重为 383.135g、丹玉 508 种子千粒重为 365.503g、沈玉 26 种子千粒重为 337.821g。

测量种子外形尺寸并计算平均值，得 3 种玉米种子的平均长度 l_0、平均宽度 W_0、平均厚度 t_0，见表 4-1。

表 4-1　玉米种子的外形尺寸

品种	平均长度/mm	平均宽度/mm	平均厚度/mm
丹玉 336	10.64	8.04	5.48
丹玉 508	10.47	8.62	5.67
沈玉 26	10.25	8.04	5.45

4.1.3　种子休止角和内摩擦角

种子本身内在的摩擦性质用休止角和内摩擦角来表示。休止角是指玉米种子通过小孔连续地散落到平面上时，种子堆积成的锥体母线与水平面底部直径的夹角。测定玉米种子休止角如图 4-2 所示。

图 4-2　测定玉米种子休止角

由试验可得，玉米种子通过小孔连续散落到平面上时会堆积成近似圆锥状。设种子堆积高度为 H_r，堆积半径为 R_r，如图 4-2 所示，则种子休止角 φ_r 为：

$$\varphi_r = \arctan \frac{H_r}{R_r} \tag{4-2}$$

式中　φ_r——玉米种子的休止角，(°)；

　　　H_r——种子堆积的高度，mm；

　　　R_r——种子堆积的底圆半径，mm。

测定 H_r 和 R_r，并根据式（4-2）计算，得 3 种玉米种子的休止角分别为：丹玉 336 休止角为 35°，丹玉 508 休止角为 34°，沈玉 26 休止角为 29°。

内摩擦角 φ_i 是反映散粒体间摩擦特性和抗剪强度的一个重要参数。通常应用莫尔强度理论来研究散粒体的抗剪强度，进而确定内摩擦角的大小。

剪切试验可在剪切仪上进行，如图 4-3 所示。将玉米种子装进三层剪切环内，盖上顶盖，顶盖上放置带刻度的砝码给种子施加法向压力，剪切力通过定滑轮加载施加于中间的剪切环，剪切力大小由弹簧秤读出。试验时，先保持法向压力 F_N 不变，逐渐增大剪切力，测出当中间剪切环移动时的剪应力 F_s；再通过改变 F_N，测出对应不同载荷 F_N 的不同剪应力 F_s，由 F_s-F_N 进行计算，得到丹玉 336 的内摩擦角 φ_i 为 33°，丹玉 508 的内摩擦角 φ_i 为 31°，沈玉 26 的内摩擦角 φ_i 为 29°。

4.1.4　种子与水平圆盘间静摩擦系数

应用简易摩擦系数仪（斜面仪）测定玉米种子在播种机水平圆盘排种器水平圆盘尼龙材料上的静摩擦系数和滑动摩擦系数。

由库仑定律可知，静摩擦力等于静摩擦系数与法向压力的乘积。试验中通常应用斜面仪来测量静摩擦系数。将水平圆盘放置于已调整至某一倾斜状态的斜面仪上，再将玉米种子静止置于水平圆盘上，如图 4-4 所示，此时忽略种子所受空

图 4-3　测定内摩擦角示意图

图 4-4　测定静摩擦系数示意图

气阻力不计，假设斜面倾角为 θ_z ，则其所受的静摩擦力为 $f = \mu m_z g \cos\theta_z$ ，通过摇柄调整斜面仪使其斜面倾角增大至玉米种子刚好有滑动趋势，此时斜面仪倾角即为种子在水平圆盘上的静摩擦角，有静摩擦系数与静摩擦角的关系式 $\mu_z = \tan\theta_z$ ，即通过斜面仪读取出其倾角，可计算出种子与水平圆盘之间的静摩擦系数。

玉米种子在水平圆盘上的静摩擦系数测定数据见表 4-2 所示。3 种玉米种子形状存在差异，其对同一材料的滑动摩擦系数有所不同，最扁平的沈玉 26 的静摩擦系数最大，丹玉 508 居中，相对偏球形的丹玉 336 静摩擦系数最小。说明种子外形对其静摩擦系数影响较为明显。

表 4-2　玉米种子在水平圆盘上的静摩擦系数

品种	静摩擦系数						静摩擦系数均值
丹玉 336	0.463	0.448	0.453	0.445	0.449	0.447	0.451
丹玉 508	0.455	0.473	0.459	0.463	0.471	0.449	0.462
沈玉 26	0.475	0.484	0.501	0.463	0.468	0.470	0.477

4.1.5　种子与水平圆盘间滑动摩擦系数

采用与测定静摩擦系数相同的原理，测定示意图如图 4-5 所示，此时忽略种子所受空气阻力不计，通过摇柄调整斜面仪使其斜面倾角为 θ_h ，通过弹簧秤用尽可能与斜面仪斜面平行的方向施加拉力，逐渐加大拉力使玉米种子刚好有滑动的趋势，此时种子在水平圆盘上所受的滑动摩擦力为 $F_h = \mu N_h \cos\theta_h$ ，式中 F_h ，N_h ，θ_h 均为已知，因此玉米种子与水平圆盘之间的滑动摩擦系数可求。

图 4-5　测定滑动摩擦系数示意图

玉米种子与水平圆盘之间的滑动摩擦系数的测定数据见表 4-3。3 种玉米种子形状存在差异，其对同一材料的滑动摩擦系数有所不同，最扁平的沈玉 26 的滑动摩擦系数最大，丹玉 508 居中，相对偏球形的丹玉 336 滑动摩擦系数最小。说明种子外形对其滑动摩擦系数影响明显。

表 4-3 玉米种子与水平圆盘间的滑动摩擦系数

品种	滑动摩擦系数						滑动摩擦系数均值
丹玉 336	0.405	0.417	0.425	0.409	0.414	0.426	0.416
丹玉 508	0.421	0.430	0.417	0.415	0.425	0.414	0.420
沈玉 26	0.424	0.416	0.431	0.429	0.425	0.436	0.427

4.2 水平圆盘排种器结构设计

4.2.1 排种器的结构与工作原理

水平圆盘排种器工作时，播种机地轮获取的动力由链轮 6 传至主轴 5、经大小锥齿轮啮合 4，带动驱动盘 11 和卡在驱动盘上的水平圆盘 1 一起进行旋转运动。种箱 12 内的玉米种子在重力、离心力和种子群力的作用下囊入型孔内，完成充种过程；在水平圆盘旋转过程中，清清种刷 9 刮掉多余的种子，完成清种过程；型孔内的单粒种子被带至投种室 10 内，当水平圆盘 1 的型孔跟固定盘 2 上的排种孔 8 相对应时，种子在自身重力和型孔后壁的压力作用下，离开水平圆盘形孔穿过投种盒 7 落入排种管内，完成投种、导种的过程。水平圆盘排种器结构示意如图 4-6 所示。

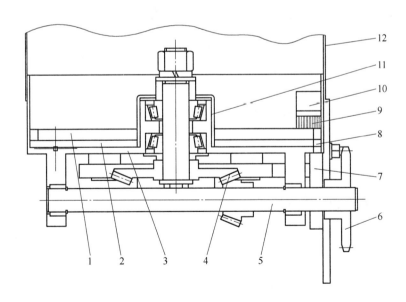

图 4-6 水平圆盘排种器结构示意图

1—水平圆盘；2—固定盘；3—底座；4—大小锥齿轮啮合；5—主轴；6—链轮；
7—投种盒；8—排种孔；9—清清种刷；10—投种室；11—驱动盘；12—种箱

　　排种器的充种过程，也就是种子从水平圆盘上落入型孔的过程，是水平圆盘排种器排种过程中最关键的两个环节之一，直接影响着排种性能。传统的水平圆盘排种器在高速情况下，往往种子来不及充填型孔，极易造成漏播，影响播种效果。本书所设计的充种型孔的结构形状和尺寸使其更易于充种，保证水平圆盘排种器在高速播种时也能保持良好的排种性能。

4.2.2　排种器型孔结构设计

　　种子落入型孔有侧卧、侧立、直立和平躺四种可能性，如图 4-7 所示。对种子进行自由落体试验，得种子落下后四种状态的概率分别为 31%、17%、13%、39%。为了保证单粒精密播种，即每一型孔只能落入一粒种子，则种子落入型孔内只能是侧卧或侧立的方式，如图 4-7（a）、图 4-7（b）所示。东北地区玉米籽粒大多形状扁平，因此采用周边式纵向长方形型孔。周边式是指型孔位于水平圆盘的周边。

　　根据种子的形状和尺寸确定型孔尺寸的变化范围，然后用试验设计的方法来确定最优取值。

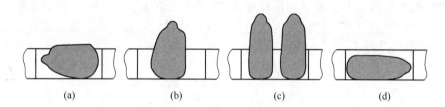

(a)　　　　　　(b)　　　　　　(c)　　　　　　(d)

图 4-7　种子落入型孔的情况

（a）侧卧；（b）侧立；（c）直立；（d）平躺

　　根据玉米种子尺寸，排种器型孔尺寸和要求为：

$$\begin{cases} L = l_0 + \Delta l \\ W = t_0 + \Delta W < W_0 \\ T_k = W_0 - \Delta t \end{cases} \tag{4-3}$$

式中　L——型孔长度，mm；

　　　W——型孔宽度，mm；

　　　T_k——型孔深度，mm；

　　　l_0——种子平均长度，mm；

　　　W_0——种子平均宽度，mm；

　　　t_0——种子平均厚度，mm；

　　　Δl——槽长间隙，mm；

　　　ΔW——槽宽间隙，mm；

Δt——槽深间隙，mm。

由式（4-3）可见，型孔宽度 W 是在种子厚度 t_0 的基础上增加槽宽间隙 ΔW，但要小于种子平均宽度 W_0，这样才能避免图4-7（c）、图4-7（d）情况的发生，以保证单粒精密播种。对型孔深度 T_k，只要能保证种子重心以及大部分体积在型孔内，进入投种室时不会被清清种刷清理掉即可，也就是说，型孔深度即水平圆盘厚度以种子不退出型孔为条件，因此，型孔深度是用种子平均宽度 W_0 减去槽深间隙 Δt 求得。

根据测得的种子尺寸值，型孔长度 L 取11mm，宽度 A 取6mm，深度 B 即水平圆盘厚度取6mm。

此排种器用于两行玉米播种机，种箱体积根据播种机的播种量确定，种箱直径即水平圆盘直径，取236mm。

位于水平圆盘上型孔后端附近的种子受到的支撑力来自型孔上缘，如图4-8所示。

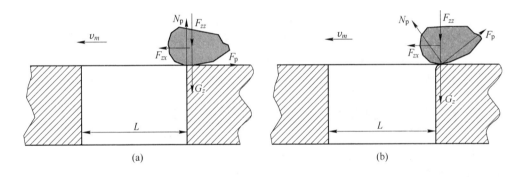

(a)　　　　　　　　　　　　　　　　　　　　(b)

图4-8　位于型孔后上缘的种子受力情况

（a）型孔后上缘无圆角时种子受力分析；（b）型孔后上缘有圆角时种子受力分析

v_m—前进速度，m/s；G_z—种子重力，N；N_p—种子受到水平圆盘的支撑力，N；

F_p—种子受到水平圆盘的摩擦力，N；F_{zx}—种子群力的水平分力，N；F_{zz}—种子群力的竖直分力，N；

L—型孔长度，mm。

将图4-8（a）、4-8（b）相比较发现，种子所受重力 G_z、种子群力水平分力 F_{zx}、种子群力竖直分力 F_{zz} 是一致的，差别在于图4-8（b）中型孔后方上缘处半径为1mm的小圆角的存在，使得 N_p、F_p 方向较4-8（a）中发生了变化。此时 N_p 通过小圆角的法线方向斜向上，即 N_p 有了水平分力，N_p 向前的水平分力必定大于摩擦力 F_p 向后的水平分力，作用于其前方种子，必然会加速前方种子囊入型孔，从而提高型孔的充种率。

对于水平圆盘上型孔前端附近的种子，设其质心在 o' 点，质心距离种子胚芽

端为 c，距离水平圆盘高度为 h_z。首先对不带前倒角的型孔进行分析。种子落入型孔示意如图 4-9 所示。

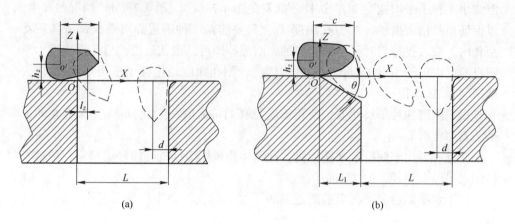

图 4-9　种子落入型孔示意图

（a）种子落入无倒角型孔示意图；（b）种子落入带倒角的型孔示意图

h_z—种子质心高度，mm；c—种子质心与胚芽端距离，mm；o'—种子质心；O—坐标系原点；

X 和 Z—坐标轴；l_z—种子开始翻转下落时质心水平距离，mm；

d—种子下落时与型孔后壁的间隙，mm；θ—型孔倒角，（°）；L_1—倒角长度，mm。

令坐标原点 O 在型孔的最左上点，X 轴沿种子相对水平圆盘的速度方向，Y 轴沿水平圆盘半径方向，Z 轴竖直向上，建坐标系如图 4-9（a）所示。

研究单粒玉米种子囊入型孔的过程。种子囊入型孔的过程中起主要作用的是种子相对水平圆盘的相对速度 v_r，如果 v_r 过小，则排种频率过低，导致播种效率低下；v_r 过大，则种子来不及充填型孔，必然会造成漏播。所以，要使排种器有良好的排种性能，就要研究种子能够通过型孔的最大极限速度。假设玉米种子以其胚芽端趋近型孔，当质心点 o' 移动到坐标原点 O 上方时，种子开始倾斜，接着在力矩 $G_z l_z$ 作用下产生翻转做旋转运动。因此，可以认为种子质心的运动轨迹是一条抛物线，而种子本身从原点 O 开始在 Z 轴方向上做自由落体的同时做旋转运动。则穿过型孔时，玉米种子质心的运动方程为：

$$\begin{cases} x = L - d = v_r t_1 \\ z = h_z = \dfrac{1}{2} g t_1^2 \end{cases} \tag{4-4}$$

式中　x——玉米种子落入型孔过程中质心通过的水平距离，mm；

　　　L——型孔长度，mm；

　　　d——玉米种子落入型孔时质心与型孔后壁间距离，mm；

　　　v_r——种子与水平圆盘的相对速度，m/s；

t_1——玉米种子质心从开始到落入型孔所用时间，s；

z——玉米种子落入型孔过程中质心通过的竖直距离，mm；

h_z——玉米种子落入型孔过程中质心通过的竖直距离，mm；

g——重力加速度，m/s²。

可求得种子落入型孔所需时间 t_1 为：

$$t_1 = \sqrt{\frac{2h_z}{g}} \tag{4-5}$$

进而求得型孔长度 L 为：

$$L = \sqrt{h_z^2 + c^2} + d \tag{4-6}$$

式中　c——种子质心与胚芽端之间的距离，mm。

由苏联院士郭辽契金（В. П. ГОРЯЧКИН）提出的相对极限速度概念，求得单粒玉米种子在水平圆盘上的相对极限速度为：

$$v_{\text{rmax}} \leqslant \sqrt{(h_z^2 + c^2)\frac{g}{2h_z}} \tag{4-7}$$

若在型孔上缘前端加工角度为 θ 的倒角，将坐标原点 O 置于倒角左上角点建立坐标系，如图 4-9（b）所示。则玉米种子质心的运动方程为：

$$\begin{cases} x = L_1 + (L - d) = v_r t_1 \\ z = h_z = \frac{1}{2}g t_1^2 \end{cases} \tag{4-8}$$

式中　L_1——倒角长度，mm。

经过变化求解得单粒玉米种子在水平圆盘上的相对极限速度为：

$$v_{\text{rmax}} \leqslant \sqrt{(L_1 + h_z^2 + c^2)\frac{g}{2h_z}} \tag{4-9}$$

由此可见，种子的相对极限速度与倒角长度、种子的质心位置有关。倒角长度过大，种子下落过程中可能会跟倒角发生碰撞，会影响种子落入型孔；倒角长度过小，则发挥不了该有的作用。本书取 $\theta = 30°$，并通过后续试验来求取倒角长度 L_1 的最佳取值。

比较式（4-8）和式（4-9）可得，型孔前倒角可以有效提高种子与水平圆盘之间的相对速度为 $\Delta v_r = L_1\sqrt{\frac{g}{2h_z}}$，有利于型孔前缘的种子更稳定更高效地落入型孔。

同理，为提高型孔侧缘种子的相对速度，使之能够稳定高效地落入型孔，在型孔的侧面同样加工出倾角为 30° 的倒角，倒角长度等尺寸由后续试验求得。前倒角和侧面倒角的俯视图能够表达其真实形状，如图 4-10 所示。

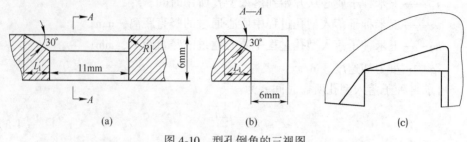

图 4-10　型孔倒角的三视图

（a）主视图；（b）A—A 剖视图；（c）俯视图

种子在倾斜型孔内的受力情况如图 4-11 所示。水平圆盘排种器的排种过程中第二个最关键的环节是投种，即种子穿过型孔落入导种管的过程。随着水平圆盘圆周速度的增大，弹性推种器往往来不及把种子从充种型孔中完全推出，容易造成漏播。可见在高速情况下，推种器起不到应有的作用，依靠推种器来帮助完成投种过程变得不可靠。为此，本书所设计的排种器不设推种器，而是靠改变型孔的结构形状来有效完成这个过程。所设计的型孔后壁具有较大的反向斜面，这样种子从充种型孔中下落时，竖直方向受力除了种子自身的重力外，还有型孔后壁的反向斜面给予种子的推力 N_k 的竖直向下的分力 $N_k\cos\varphi_k$。同时，将型孔后壁 4mm 高度以下部分加工成竖直壁，这样即便是种子胚芽端朝向型孔后缘时也不会被型孔尖角夹住，而是被竖直壁推着随水平圆盘一起转动，从而不会产生夹籽的情况，受力如图 4-11（b）所示。玉米种子经过分级、型孔长度比种子长度尺寸大、有反向斜面的型孔结构，排种器通过这三个方面来确保种子能够从充种型孔中顺利高效下落，完成投种的过程。

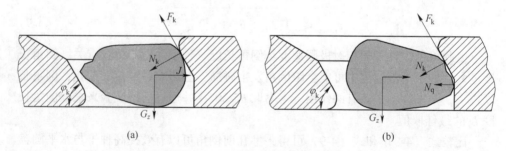

图 4-11　种子在倾斜型孔内受力情况

（a）种子胚芽端朝前情况下的受力分析；（b）种子胚芽端朝后情况下的受力分析

J—种子随水平圆盘转动产生的离心力，N；N_k—型孔对种子的推力，N；F_k—型孔对种子的摩擦力，N；

N_q—型孔对种子胚芽端的推力，N；G_z—种子重力，N；φ_k—型孔倾角，（°）

型孔内的玉米种子随着水平圆盘刚好转动到投种口的瞬间，种子受力分析如图 4-11（a）所示。对此时的玉米种子建立运动微分方程：

$$\begin{cases} J = N_k \sin\varphi_k + F_k \cos\varphi_k \\ m_z a = G_z + N_k \cos\varphi_k - F_k \sin\varphi_k \\ J = m_z \omega_k^2 r_p \\ F_k = \mu_k N_k \end{cases} \tag{4-10}$$

式中 J——种子随水平圆盘转动产生的离心力，N；

$\quad N_k$——型孔对种子的推力，N；

$\quad F_k$——型孔对种子的摩擦力，N；

$\quad \varphi_k$——型孔倾角，(°)；

$\quad m_z$——种子质量，g；

$\quad a$——种子下落瞬间加速度，m/s²；

$\quad \omega_k$——种子随水平圆盘转动的角速度，rad/s；

$\quad r_p$——水平圆盘半径，mm；

$\quad \mu_k$——型孔材料对种子的静摩擦系数。

整理可得种子下落瞬间加速度 a 为：

$$a = g + \omega_k^2 r_p \frac{\cos\varphi_k - \mu_k \sin\varphi_k}{\sin\varphi_k + \mu_k \cos\varphi_k} \tag{4-11}$$

当 $\cos\varphi_k - \mu_k\sin\varphi_k > 0$ 时，有 $a > g$，也就是说，当型孔倾角 φ_k 满足 $\tan\varphi_k < \dfrac{1}{\mu_k}$ 时，型孔后缘会给种子施加下压力，有利于排种器更好地完成投种过程。

由式可见，种子下落的加速度受下列因素的影响：水平圆盘转动的角速度、种子离水平圆盘中心距离、型孔对种子的摩擦系数、型孔倾角。通过后续试验求得型孔倾角 φ_k 的最佳取值。

已知播种机排种地轮直径 D，播种时地轮滑移率为 δ，则播种粒距 D_b 为：

$$D_b = \frac{60 v_m}{z_k n_p (1 - \delta)} \tag{4-12}$$

式中 D_b——播种要求的种子粒距，mm；

$\quad \delta$——播种作业时地轮滑移率；

$\quad v_m$——播种时机组前进速度，m/s；

$\quad n_p$——水平圆盘转速，r/min；

$\quad z_k$——型孔数目。

播种机从地轮到排种器经过链传动、锥齿轮传动两级传动，两级总传动比用 i 表示。代入式 (4-12) 可得水平圆盘充种型孔数量为：

$$z_k = \frac{\pi D}{D_b i (1 - \delta)} \tag{4-13}$$

式中 D——播种地轮直径，mm；

i——播种传动比。

由式（4-13），在 D、δ、i 不变的情况下，充种型孔数量 z_k 与播种粒距 D_b 成反比。

根据东北玉米垄作区的种植经验，播种粒距 D_b 取 270mm，滑移率 $\delta = 8\%$，地轮半径 D 为 450mm，传动比 $i = 0.32$，将以上参数代入式（4-13）可得 $z_k = 17.78$，取整，得水平圆盘充种型孔数量为 18。

水平圆盘上相邻两个型孔间距离称为型孔间隔墙。孔间隔墙厚度必须要大于型孔的尺寸，才能防止种子间的混乱现象发生。机械式的排种器的型孔一般都是沿圆周均匀配置的，数目满足如下公式：

$$z_k = \frac{2\pi r_p}{L + s_k} \tag{4-14}$$

式中　L——型孔长度，mm；

s_k——型孔间隔墙厚度，mm。

将 $z_k = 18$、$r_p = 118$、$L = 11$ 代入式（4-14）可得，$s_k = 30\text{mm} > L$。因此，水平圆盘型孔数目选定 18 是可取的。

至此，所设计的带有倒角的倾斜纵向长方形型孔的水平圆盘的示意图如图 4-12 所示。

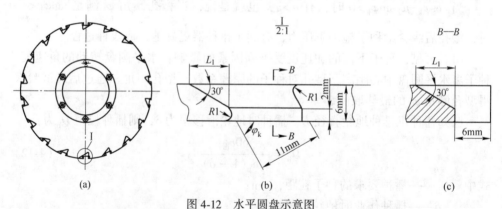

图 4-12　水平圆盘示意图

（a）水平圆盘主视图；（b）型孔结构形状及尺寸；（c）B—B 剖面图

4.3　基于 EDEM 的排种器离散元仿真分析

4.3.1　仿真参数的确定

离散元法（DEM）将系统看作由许多离散的单元体组成，单元体之间存在着相互运动，应用微观力学来求解单元体发生运动产生的能量转移。经过各国专家学者几十年来的深入研究，离散元法已经广泛应用于矿物工程、地球物理、土木工程和农业工程等多个领域。离散元法多用来模拟颗粒系统中单个粒子的流动情况，分析粒子的剪切效果和颗粒填充等。

采用 EDEM 离散元仿真软件进行仿真试验，首先要确定所用材料的属性和模拟过程中的相关参数。水平圆盘排种器种箱选用钢材，玉米种子选用丹玉 508，水平圆盘选用尼龙材料，清种刷采用猪鬃。通过试验和查阅文献得模型材料属性参数见表 4-4。

表 4-4　仿真模型材料属性参数

材料	密度/kg·m⁻³	泊松比	剪切模量/MPa
玉米	1250	0.357	$2.17×10^2$
钢	7850	0.28	$3.5×10^4$
水平圆盘	1150	0.40	$1×10^2$
清种刷	1150	0.40	$1×10^3$

对仿真模型材料间的接触参数的确定，静摩擦系数和碰撞恢复系数经试验多次测定取平均值。玉米种子在水平圆盘排种器内主要运动形式为滑动，因而滚动摩擦系数可忽略不计，在 EDEM 软件设置中取默认 0.01 值即可。具体接触参数设置见表 4-5。

表 4-5　仿真模型材料的接触参数

接触介质	恢复系数	静摩擦系数	滚动摩擦系数
玉米籽粒之间	0.60	0.5	0.01
玉米-钢	0.60	0.3	0.01
玉米-水平圆盘	0.5	0.46	0.01
玉米-清种刷	0.45	0.5	0.01

4.3.2　几何模型的建立

4.3.2.1　玉米种子离散模型的建立

玉米籽粒外形不规则，根据表 4-1 测得的尺寸，选取平均长度为 10.47mm，平均宽度为 8.62mm，平均厚度为 5.67mm 的丹玉 508 玉米种子为建模对象，在三维软件中建模。本书所需颗粒在试验过程中几乎不发生破裂，选取重叠法在导入的玉米颗粒的几何边界内进行颗粒重叠填充，建立质量较好精度较高的离散模型，如图 4-13 所示，过程中除玉米种子外的杂质均不予考虑。

4.3.2.2　排种器几何模型的建立

为便于模拟和仿真分析，将通过 Solidworks 建立的水平圆盘排种器三维模型中与玉米种子无接触的零部件去掉，简化后的模型保存成".STEP"格式文件，该格式用于导入片体和曲面较少的实体模型时可以减少丢失几何模型的实体参数，然后导入 EDEM 软件，设置水平圆盘和排种主轴为转动件，其余零件均为固定件。对导入 EDEM 软件中的几何模型进行设置：在排种箱上方建立与种箱底面积相同的颗粒工厂，玉米种子模型生成速度为 1250 个/s，种子总数取 1000 个。如图 4-14 所示为添加了玉米种子模型的水平圆盘排种器仿真模型。

图 4-13　玉米种子离散模型　　　　图 4-14　水平圆盘排种器仿真模型

1—水平圆盘排种器；2—玉米种子颗粒；
3—清种刷；4—导种管；5—投种盒

4.3.3　EDEM 排种过程仿真

玉米种子表面光滑，排种过程中种子几乎无接触变形且种子间、种子和桶壁的黏附力很小可以忽略不计，种子之间、种子与种箱壁在播种时发生相对滑动。因而种子与种子、种子与排种器种箱间接触模型均选取常规 Hertz-Mindlin（no-slip）接触模型。仿真模拟材料属性参数和接触参数见表 4-4 和表 4-5。设置排种器转速为 20r/min，仿真时间为 1min，根据 Rayleigh 法确定时间步长为 $1×10^{-6}$s。为清楚地观察到水平圆盘排种器内种子颗粒模型的运动过程，将排种器模型设为以 Mesh（网格模型）形式显示。

4.3.4　EDEM 仿真结果分析

图 4-15 为水平圆盘排种器排种过程仿真。仿真开始时，充种区内不断生成玉米种子颗粒，至 0.8s 充种过程完成。以仿真时间为 1.34s 时即将进入型孔的一粒种子为例，如图 4-15（a）所示，种子在自身重力、离心力、水平圆盘摩擦力以及种子群力的作用下，部分进入型孔，图 4-15（b）所示的 1.36s，可以看到种子大部分体积进入型孔，到 1.38s 时，种子侧卧完全进入型孔，型孔结构保证了其余种子已无法进入型孔。种子随着水平圆盘匀速转动，到达投种盒入口时，水平圆盘上的种子被入口处的清种刷清掉，只有型孔内的种子进入投种盒，

2.06s 时，型孔内的玉米种子转动至固定盘上的下种孔处，在自身重力的作用下掉进排种管，完成一次充种、排种过程。

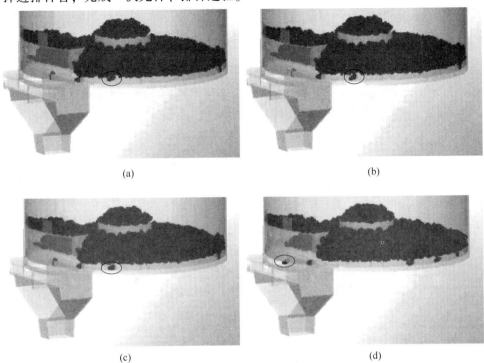

(a)   (b)

(c)   (d)

图 4-15　水平圆盘排种器排种过程仿真

（a）1.34s；（b）1.36s；（c）1.38s；（d）2.06s

排种仿真过程中检测到有重播和漏播情况的发生。如图 4-16（a）所示，两粒尺寸较小的玉米种子同时有过半的体积进入水平圆盘型孔，经过投种盒入口时均未被清种刷清掉，这两粒种子先后经排种孔时落入导种管，如图 4-16（b）所示，造成重播。

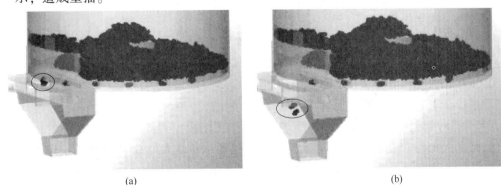

(a)   (b)

图 4-16　重播过程仿真

（a）两粒种子进入型孔；（b）重播情况

图 4-17 所示为水平圆盘排种器漏播过程仿真。图 4-17 (a) 所示为两粒玉米种子同时落入型孔，但每一粒种子都只有少部分体积进入型孔。进入投种盒前经过清种刷时，两粒种子由于进入型孔的体积均较小，先后被清种刷清出型孔，如图 4-17 所示，则型孔内没有种子而造成了漏播。

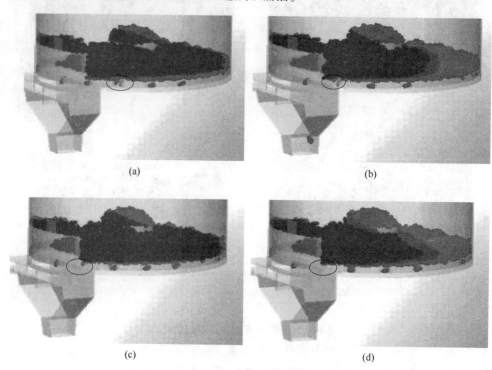

（a）   （b）

（c）   （d）

图 4-17　漏播过程仿真

（a）两粒种子进入型孔；（b）清种刷清出一粒种子；

（c）清种刷清出第二粒种子；（d）型孔内无种子造成漏播

在排出的玉米种子中任意选取编号为 5 和 398 的 2 粒，分析其速度、合力和位移随时间变化的曲线。

图 4-18 为两粒玉米种子的速度随时间变化曲线图。图 4-18 (a) 所示为编号为 5 的种子在颗粒生成的瞬间产生，之后落入充种区过程中速度变化较大，在 0.089s 进入充种区时速度达到最大 0.58852m/s。进入充种区速度发生波动后趋于平稳。水平圆盘开始转动种子速度再次产生波动，0.855s 时进入型孔，速度稳定。2.187s 时经排种孔沿导种管下落，2.28s 飞出模型边界。编号为 398 的种子大概在 0.032s 产生，0.127s 进入充种区时速度达到最大值 0.80732m/s。进入充种区后，速度开始波动较大后趋于平稳。水平圆盘开始转动后，速度产生波动，5.832s 时进入型孔随水平圆盘匀速转动，速度稳定，在 8.62s 时落入排种孔排出，然后沿导种管下落，在 8.72s 时飞出模型边界。

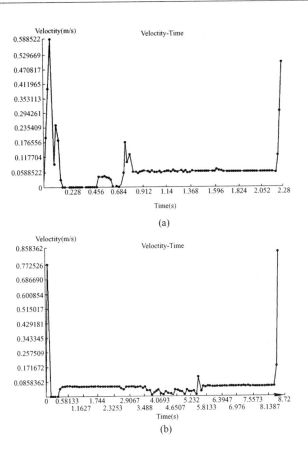

图 4-18　玉米种子速度随时间变化曲线图

（a）编号 5 玉米种子；（b）编号 398 玉米种子

图 4-19 为两粒玉米种子位移随时间变化的曲线图。由图 4-19（a）可见，编号为 5 的玉米种子从生成到落入充种区过程中位移随时间增大，排种器开始转动后，种子受水平圆盘摩擦和种子群力作用，位移有所波动，然后进入型孔后位移不变，表现为位移曲线趋于直线段，在 2.187s 经排种孔排出落入导种管，飞出模型边界。由图 4-19（b）可见，编号为 398 的玉米种子从生成到落入充种区过程中位移随时间增大，排种器开始转动短时间内水平圆盘进入型孔，位移曲线趋于直线段，在 8.62s 时经排种孔落入导管内飞出模型边界。

图 4-20 为两粒玉米种子的受力随时间变化的曲线图，可见种子所受合力随时间变化较复杂。如图 4-20（a）所示，编号为 5 的玉米种子受力变化有两个幅度较大的点，经分析分别为种子落入充种区和落入水平圆盘型孔的瞬间，受力最大。如图 4-20（b）所示，编号为 398 的玉米种子受力变化幅度较大发生在落入水平圆盘型孔和掉进排种孔两个时间点。

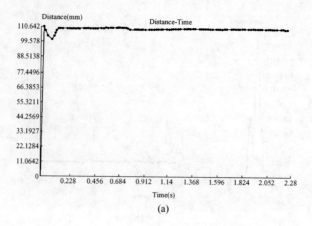

(a)

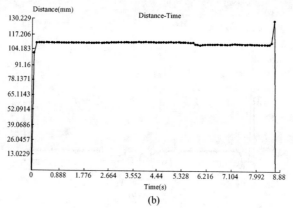

(b)

图 4-19　玉米种子位移随时间变化曲线图

（a）编号 5 玉米种子；（b）编号 398 玉米种子

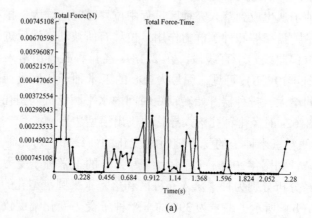

(a)

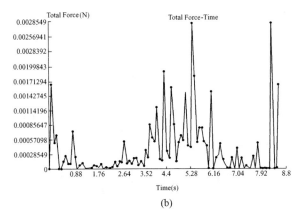

(b)

图 4-20　玉米种子所受合力随时间变化曲线图

（a）编号 5 玉米种子；（b）编号 398 玉米种子

由图 4-21 所有玉米种子的平均速度、平均位移、平均受力随时间变化曲线

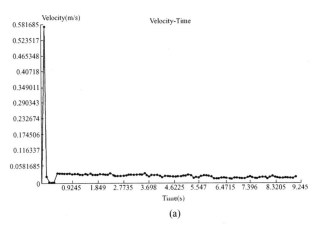

(a)

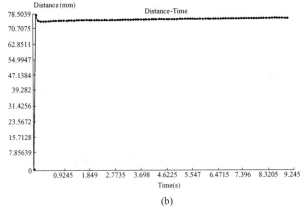

(b)

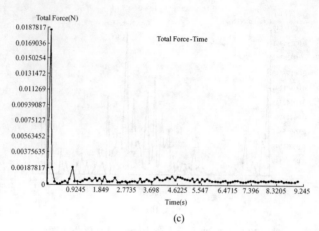

图 4-21　所有玉米种子的平均速度、平均位移和平均受力随时间变化曲线图

图可见，0~0.8s 种子不断生成并落到充种区，0.8s 水平圆盘开始匀速转动，以 0.8s 为界，前后时间段玉米种子的平均速度、平均位移和平均受力随时间变化曲线变化明显。0.8s 前，玉米种子的平均速度、平均位移和平均受力都是先增大后减小的，且变化幅度大；0.8s 后，玉米种子的平均速度、平均位移和平均受力随时间变化曲线波动幅度较小，尤其是平均位移变化曲线趋于水平直线，说明当水平圆盘排种器以固定转速转动时，对种子的平均速度、平均位移和平均受力影响均较小。

4.4　排种台架试验和结构参数优化

4.4.1　试验条件

台架试验于 2015 年 7 月 18 日进行，所用装置为黑龙江省农业机械工程科学研究院研制的 JPS-12 型计算机视觉排种器试验台，试验台及排种效果如图 4-22 所示。试验选用丹玉 508 玉米种子为试验材料，其千粒质量为 365g，籽粒含水率为 12.4%，购买的种子是售前分级过的，因此在试验前只需进行简单分级，将体积超过均值太大者剔除。

试验时，将自制水平圆盘排种器固定在安装架上，通过步进电机改变排种器主轴的转速调节。种床带速度可调范围为 1.5~12km/h，排种轴转速可调范围为 15~120r/min。种床带运动模拟播种机田间工作情况。黏种油液压系统将黏种油从油箱压到种床带上，经油刷涂成一条黏油带，排种器排出的玉米种子落至黏油带上，高速摄像装置拍下的数据经计算机视觉系统实时采集，以便精确计算排种器的各个性能指标。

 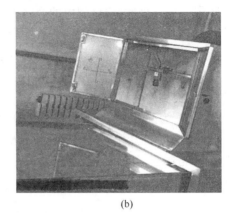

(a)   (b)

(c)

图 4-22　计算机视觉排种器试验台

（a）排种试验台；（b）高速摄像装置；（c）试验台操作面板

4.4.2　试验因素与试验指标

　　水平圆盘转速、倒角长度、型孔倾角是影响水平圆盘排种器充种和投种过程的重要参数，将其作为试验的 3 个因素。根据玉米播种要求，以排种合格指数 A、重播指数 D、漏播指数 M 作为试验指标。试验根据《单粒（精密）播种机试验方法》（GB/T 6973—2005）的要求进行。A、D、M 的计算公式如下：

$$A = \frac{n_1}{N} \times 100\% \tag{4-15}$$

$$D = \frac{n_2}{N} \times 100\% \tag{4-16}$$

$$M = \frac{n_0}{N} \times 100\% \tag{4-17}$$

式中　N——试验测定的种子数目；

n_1——试验测定区间内的合格种子数目；

n_2——试验测定区间内的重播种子数目；

n_0——试验测定区间内的漏播种子数目。

试验通过落在种带上的种子粒距来考察排种器的排种性能。D_b为理论粒距，D_s为实测粒距，当 $0.5D_b < D_s \le 1.5D_b$ 时，为合格；$D_s \le 0.5D_b$ 时，为重播；$D_s > 1.5D_b$ 时，为漏播。根据中国东北垄作区玉米播种的农艺要求，D_b取 270mm。

根据水平圆盘排种器的工作特点确定各因素的取值变化范围为：排种器转速为 20~48r/min，倒角长度为 5~9mm，型孔倾角为 35°~75°。试验因素水平编码见表 4-6。

表 4-6　试验因素水平编码

水平	水平圆盘转速 x_1/r·min^{-1}	倒角长度 x_2/mm	型孔倾角 x_3/(°)
+1.682	48	9	75
+1	42.323	8.189	66.89
0	34	7	55
−1	25.677	5.811	43.11
−1.682	20	5	35

自制 9 种不同规格的水平圆盘，通过更换不同的水平圆盘实现排种器结构参数的改变；排种器转速由排种试验台的步进电机控制，通过调节电机转速实现排种器转速改变。

根据 Central Composite Design（CCD）试验设计原理，进行三元二次回归正交旋转组合设计，根据设计进行试验，每次试验重复 3 次求取平均值作为试验指标，并对影响试验指标的试验因素进行优化。试验方案及性能指标见表 4-7，X_1、X_2、X_3 分别为 x_1、x_2、x_3 的水平编码值。

表 4-7　试验方案及结果

试验编号	X_1	X_2	X_3	评价指标		
				合格指数/%	重播指数/%	漏播指数/%
1	−1	−1	−1	88.85	6.57	4.58
2	1	−1	−1	87.96	6.01	6.03
3	−1	1	−1	87.38	8.49	4.13
4	1	1	−1	85.67	8.29	6.04
5	−1	−1	1	90.13	4.96	4.91
6	1	−1	1	91.3	2.18	6.52

试验编号	X_1	X_2	X_3	评价指标		
				合格指数/%	重播指数/%	漏播指数/%
7	-1	1	1	90.35	5.78	3.87
8	1	1	1	89.71	3.14	7.15
9	-1.682	0	0	89.64	5.87	4.49
10	1.682	0	0	87.9	4.14	7.96
11	0	-1.682	0	90.82	3.33	5.85
12	0	1.682	0	89.61	5.82	4.57
13	0	0	-1.682	86.13	9.43	4.44
14	0	0	1.682	90.89	3.78	5.33
15	0	0	0	91.76	4.75	3.49
16	0	0	0	91.94	4.32	3.74
17	0	0	0	92.13	3.82	4.05
18	0	0	0	92.45	3.67	3.88
19	0	0	0	91.87	4.36	3.77
20	0	0	0	91.59	4.25	4.16
21	0	0	0	92.31	3.46	4.23
22	0	0	0	92.28	4.14	3.58
23	0	0	0	91.97	4.14	3.89

4.4.3 试验结果与方差分析

采用 Design-Expert 8.0.6 软件对试验结果进行回归分析，以确定三个试验指标在不同试验因素影响下的变化规律。排种的合格指数回归方程的显著性分析结果见表4-8。

模型的 $P<0.01$，说明模型极显著，而失拟项的 F 检验结果不显著（$P=0.2656>0.05$），说明试验指标回归方程与试验数据的拟合程度良好。X_1、X_2、X_3、X_1X_3、X_1^2、X_2^2、X_3^2 对方程影响极显著，X_1X_2 和 X_2X_3 对方程影响显著，得合格指数的因素编码回归方程为：

$$y_1 = 92.03 - 1.44X_1 - 0.37X_2 + 0.52X_3 - 0.33X_1X_2 +$$
$$0.39X_1X_3 + 0.30X_2X_3 - 1.17X_1^2 - 0.66X_2^2 - 1.26X_3^2 \qquad (4-18)$$

式中 y_1——排种合格指数，%。

对因素编码回归方程系数进行检验可得，影响合格指数的试验因素的主次顺序为：排种器转速>型孔倾角>倒角长度。

合格指数的因素实际值回归方程为：

$$y_1 = 31.51 + 1.02x_1 + 5.94x_2 + 0.83x_3 - 0.03x_1x_2 +$$
$$0.004x_1x_3 + 0.02x_2x_3 - 0.02x_1^2 - 0.47x_2^2 - 0.009x_3^2 \quad (4-19)$$

式中　x_1——水平圆盘转速，r/min；

　　　x_2——倒角长度，mm；

　　　x_3——型孔倾角，(°)。

表 4-8　合格指数方差分析

方差源	平方和	自由度	均方	F	P
X_1	1.83	1	1.83	18.87	0.0008
X_2	3.76	1	3.76	38.81	<0.0001
X_3	28.23	1	28.23	291.44	<0.0001
X_1X_2	0.86	1	0.86	8.93	0.0105
X_1X_3	1.22	1	1.22	12.64	0.0035
X_2X_3	0.71	1	0.71	7.37	0.0177
X_1^2	21.70	1	21.70	224.06	<0.0001
X_2^2	6.88	1	6.88	70.99	<0.0001
X_3^2	25.25	1	25.25	260.70	<0.0001
模型	89.79	9	9.98	102.99	<0.0001
残差	1.26	13	0.097		
失拟	0.63	5	0.13	1.59	0.2656
误差	0.63	8	0.079		
总和	91.05	22			

通过合格指数方差分析发现，三个试验因素对合格指数的影响都显著，并且三个因素之间两两存在交互作用。

排种的重播指数回归方程的显著性分析结果见表 4-9。

模型的 $P<0.01$，说明模型极显著，而失拟项的 F 检验结果不显著（$P=0.7649>0.05$），说明试验指标回归方程与试验数据的拟合程度良好。而且 X_1、X_2、X_3、X_1X_3、X_3^2 对方程影响极显著，X_2X_3、X_1^2 和 X_2^2 对方程影响显著，X_1X_2 对方程影响不显著，剔除不显著项，得重播指数的因素编码回归方程为：

$$y_2 = 4.10 - 0.68X_1 + 1.68X_2 - 0.73X_3 - 0.61X_1X_3 -$$
$$0.33X_2X_3 + 0.36X_1^2 + 0.2X_2^2 + 0.92X_3^2 \quad (4-20)$$

式中　y_2——排种重播指数，%。

对式（4-20）的回归系数进行检验得出，影响重播指数的各试验因素的主次顺序为：倒角长度>排种器转速>型孔倾角。

重播指数的因素实际值回归方程为：

$$y_2 = 23.34 - 0.09x_1 - 0.26x_2 - 0.51x_3 + 0.04x_1x_3 -$$
$$0.02x_2x_3 + 0.005x_1^2 + 0.14x_2^2 + 0.007x_3^2 \qquad (4-21)$$

表 4-9　重播指数方差分析

方差源	平方和	自由度	均方	F	P
X_1	6.32	1	6.32	50.44	<0.0001
X_2	38.74	1	38.74	309.27	<0.0001
X_3	7.28	1	7.28	58.08	<0.0001
X_1X_2	0.011	1	0.011	0.090	0.7692
X_1X_3	2.95	1	2.95	23.57	0.0003
X_2X_3	0.86	1	0.86	6.85	0.0213
X_1^2	2.02	1	2.02	16.14	0.0015
X_2^2	0.67	1	0.67	5.31	0.0383
X_3^2	13.52	1	13.52	107.91	<0.0001
模型	72.24	9	8.03	64.07	<0.0001
残差	1.63	13	0.13		
失拟	0.39	5	0.078	0.51	0.7649
误差	1.24	8	0.15		
总和	73.86	22			

通过重播指数方差分析发现，3 个试验因素对合格指数的影响都显著，并且水平圆盘转速和型孔倾角、倒角长度和型孔倾角之间存在交互作用。

排种的漏播指数回归方程的显著性分析结果见表 4-10。

模型的 $P<0.01$，说明模型极显著，而失拟项的 F 检验结果不显著（$P=0.2053>0.05$），说明试验指标回归方程与试验数据的拟合程度良好。而且 X_1、X_1^2、X_2^2、X_3^2 对方程影响极显著，X_2、X_3、X_1X_2 对方程影响显著，X_1X_3 和 X_2X_3 对方程影响不显著，因而对于漏播指数，剔除不显著项，得漏播指数的因素编码回归方程为：

$$y_3 = 3.87 + 1.05X_1 - 0.21X_2 + 0.25X_3 + 0.29X_1X_2 + 0.81X_1^2 + 0.45X_2^2 + 0.34X_3^2 \qquad (4-22)$$

式中　y_3——排种漏播指数，%。

对式（4-22）的回归系数进行检验得出，影响漏播指数的各因素的主次顺序为：排种器转速>型孔倾角>倒角长度。

排种漏播指数的因素实际值回归方程为：

$$y_3 = 45.15 - 0.93x_1 - 5.68x_2 - 0.32x_3 + 0.03x_1x_2 + 0.01x_1^2 + 0.32x_2^2 + 0.002x_3^2 \qquad (4-23)$$

表 4-10   漏播指数方差分析

方差源	平方和	自由度	均方	F	P
X_1	14.94	1	14.94	178.43	<0.0001
X_2	0.58	1	0.58	6.87	0.0212
X_3	0.83	1	0.83	9.91	0.0077
X_1X_2	0.68	1	0.68	8.10	0.0137
X_1X_3	0.37	1	0.37	4.47	0.0545
X_2X_3	0.007	1	0.007	0.079	0.7831
X_1^2	10.48	1	10.48	125.11	<0.0001
X_2^2	3.26	1	3.26	38.97	<0.0001
X_3^2	1.82	1	1.82	21.71	0.0004
模型	32.80	9	3.64	43.51	<0.0001
残差	1.09	13	0.084		
失拟	0.59	5	0.12	1.87	0.2053
误差	0.50	8	0.063		
总和	33.88	22			

通过漏播指数方差分析发现，3 个试验因素对合格指数的影响都显著，并且水平圆盘转速和倒角长度之间存在交互作用。

4.4.4   试验因素对试验指标的影响

根据所建立的排种合格指数的回归方程，应用软件 Design-Expert 8.0.6 软件得到响应曲面，以便能直观看出试验指标与各因素间关系，结果如图 4-23 ~ 图4-25 所示。

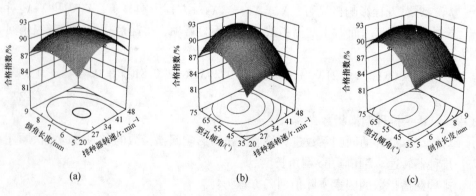

图 4-23   试验因素对合格指数的影响

(a) y_1 (x_1, x_2, 55°); (b) y_1 (x_1, 7, x_3); (c) y_1 (34, x_2, x_3)

图 4-23 说明播种合格指数随着排种器转速的提高先增后降，随着倒角长度的增大先增后降，随着型孔倾角的增大先增后降。

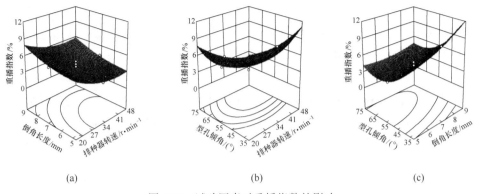

(a)　　　　　　　　　　　　(b)　　　　　　　　　　　　(c)

图 4-24　试验因素对重播指数的影响

（a）$y_2(x_1, x_2, 55°)$；（b）$y_2(x_1, 7, x_3)$；（c）$y_2(34, x_2, x_3)$

图 4-24 说明排种重播指数随着排种器转速的提高而降低，随倒角长度的增大而增加，随型孔倾角的增大先降后增。

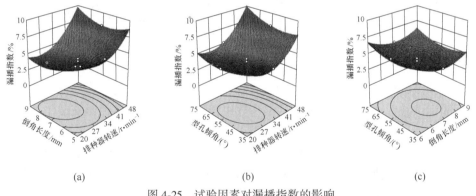

(a)　　　　　　　　　　　　(b)　　　　　　　　　　　　(c)

图 4-25　试验因素对漏播指数的影响

（a）$y_3(x_1, x_2, 55°)$；（b）$y_3(x_1, 7, x_3)$；（c）$y_3(34, x_2, x_3)$

图 4-25 说明排种漏播指数随着排种器转速、倒角长度、型孔倾角这 3 个因素的增大都呈先降后增的趋势。

4.4.5　参数优化

为得到排种器的排种合格指数最大，重播指数和漏播指数最小，根据玉米精少量播种机的作业质量指标及其检验规则的要求，播种粒距合格指数大于等于 80.0%，重播指数不超过 8.0%，漏播指数不超过 8.0%。采用多目标的非线性优化理论和方法，结合试验因素的约束条件，对已得出的回归方程进行优化求解。约束条件及目标函数为：

约束条件为 $\begin{cases} 20\text{r/min} \leqslant x_1 \leqslant 48\text{r/min} \\ 5\text{mm} \leqslant x_2 \leqslant 9\text{mm} \\ 35° \leqslant x_3 \leqslant 75° \end{cases}$ （4-24）

目标函数为 $\begin{cases} y_1 \geqslant 80.0\% \\ y_2 \leqslant 80.0\% \\ y_3 \leqslant 80.0\% \end{cases}$ （4-25）

利用 Design-Expert 8.0.6 软件对回归方程进行优化求解，圆整优化参数得：排种器转速为 33r/min，倒角长度为 7mm，型孔倾角为 61°。选取水平圆盘材料为尼龙，测得静摩擦系数 μ_k 为 0.42，代入公式（4-11）验证，可知型孔倾角 φ_k 取值合理。

根据优化得到的最优参数，进行 5 次重复台架试验，试验结果平均值见表 4-11。可见在最优参数作用下，实际结果与理论结果近似。

表 4-11　水平圆盘排种器的性能参数优化

试验因素			试验指标/%			实际结果/%		
$x_1/\text{r} \cdot \text{min}^{-1}$	x_2/mm	$x_3/(°)$	y_1	y_2	y_3	y_1	y_2	y_3
33	7	61	92.47	3.56	3.97	92.13	4.01	3.86

4.5　验证试验

为验证台架试验的有效性，检验所设计水平圆盘排种器的工作性能，进行了田间验证试验。试验时，将最优性能参数组合下的水平圆盘排种器安装于悬挂式免耕施肥播种机上，调整排种器转速至 33r/min 左右。

为验证排种器对不同品种的适应性，试验选取丹玉 336、沈玉 26、丹玉 508 三个品种的玉米种子作为试验材料。试验于 2016 年 4 月在科技试验田进行，试验所用田块长 326m，宽 67m，是玉米秸秆高留茬免耕地块。配套动力为东方红-30 型拖拉机。

田间作业时，机组前进速度为 8.6km/h，排种器转速为 33r/min，线速度为 0.41m/s，理论播种粒距为 270mm。试验重复 5 次，每次测定种子不少于 1000 粒，依据《单粒（精密）播种机试验方法》（GB/T 6973—2005）进行统计处理，结果见表 4-12。

表 4-12　田间试验结果

品种	合格指数/%	重播指数/%	漏播指数/%
丹玉 508	91.22	4.57	4.21
丹玉 336	90.67	5.53	3.8
沈玉 26	88.59	8.14	3.27

由表4-12可知，水平圆盘排种器对3个玉米品种的播种合格指数均大于80%。因为沈玉26品种籽粒之间尺寸差异较大，而且尺寸均值小于另外2个品种，因而在田间播种时合格指数最低，重播指数明显高于另外2个品种。从田间性能验证试验的结果看，所设计水平圆盘排种器的排种性能能够满足精密播种的农艺要求，而且对不同玉米品种的适应性良好。

5　免耕播种机组工作性能研究

5.1　免耕播种机组的播深控制机理

本书研究设计的玉米垄作新型免耕播种机采用悬挂式，通过拖拉机的悬挂机构与拖拉机联结在一起形成作业机组。机组田间作业时，通过拖拉机液压系统控制新型免耕播种机作业深度，在不破坏垄形的前提下，保证播种机破茬深度和播种深度及播深稳定性。

新型免耕播种机整机质量为 470kg，结合东北玉米垄作区农户的中小型拖拉机使用情况，新型免耕播种机选用东方红-30 型拖拉机与其配套作业。

拖拉机液压系统按照液压元件的组合方式分为分置式、整体式和半分置式；按照耕深调节方式可分为高度调节、阻力调节、位置调节和综合调节。东方红-30 型拖拉机安装有阻力调节、位置调节两套操纵机构的半分置式液压系统。

5.1.1　力调节控制播深的机理

阻力调节，简称力调节，是指根据播种机田间作业时所受的阻力，通过液压系统自动调节开沟器的入土深度，从而控制播种深度的稳定性。力调节法在土壤比阻差异大的工况下很难保持稳定播深，但适用于高低不平的田间情况。图 5-1 所示为力调节机构在播种位置（中立状态）时的工作机理。

调节播种深度至预设值，向上拉起力调节手柄，此时，播种机所受牵引阻力稳定在与力调节手柄位置相应的数值上。田间作业过程中，播种机牵引阻力水平分力的作用线与牵引力的作用线不在同一直线上，会产生一个顺时针方向的力矩，使得上拉杆受到方向向右的推力，压缩力调节弹簧。若播深增加，则土壤阻力增大，上拉杆所受的推力也增大，力调节弹簧进一步产生变形，带动力调节杠杆向右移动，推动力调节杠杆以力调节偏心轮为支点产生顺时针转动，其控制端离开主控制阀，主控制阀在主控制阀弹簧的推力作用下向左伸出，此时，主控制阀通往回油阀的油孔 A 打开，进入的液压油将回油阀向右推进，通向油缸的油孔 C 关闭，油泵输送过来的液压油打开单向阀进入油缸，推动活塞左移，外提升臂提起，播种机小幅提升。播种机提升，土壤阻力变小，上拉杆受到的推力减小，力调节弹簧受到的压缩力变小长度增加，主控制阀在力调节杠杆的控制端的推力下回到图 5-1 中所示的中立位置，播种机停止提升。反之，如果播深变浅，则播

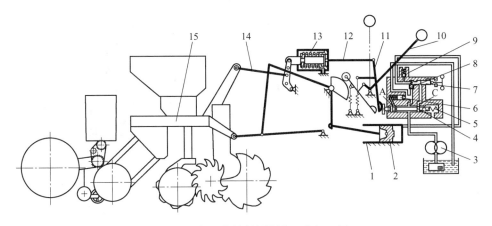

图 5-1 力调节控制播深的工作机理图

1—油缸；2—活塞；3—油泵；4—主控制阀；5—主控制阀弹簧；6—回油阀；7—安全阀；
8—单向阀；9—下降速度调节阀；10—力调节操纵手柄；11，12—力调节杠杆；
13—力调节弹簧；14—上拉杆；15—玉米垄作新型免耕播种机

种机所受土壤阻力变小，上拉杆拉力的变化通过力调节弹簧和推杆使配油阀位置发生变化，最终控制外提升臂下降，带动播种机小幅下降，直至使其所受土壤阻力恢复到原来的数值，使得播深稳定在预设的深度上。

在整个播种过程中，土壤阻力的变化是随时存在的，因而力调节机构也是在随时起作用。力调节机构是双作用，上拉杆或受推力或受拉力，因而力调节弹簧也是双向弹簧。

5.1.2 位调节控制播深的机理

位置调节，简称位调节，是指先将免耕播种机播深调至预设值，作业过程中，在拖拉机液压系统的控制下免耕播种机与拖拉机形成一个刚体，播深不受土壤比阻的影响，基本能够保持稳定的播种深度，但对于高低不平的田间情况，难以保证稳定的播深。位调节机构在系统播种状态（中立位置）时的工作机理如图 5-2 所示。

位调节是通过改变拖拉机液压油缸的行程，使得播种机保持预设的播种深度。拖拉机-播种机组田间作业时，调整播深至预设值。若播深变深，则提升臂有绕位调节凸轮支点逆时针方向的力矩。杠杆弹簧拉紧位调节杠杆，使滚轮始终与位调节凸轮紧密接触。此时，提升臂带动位调节凸轮转动，使得位调节杠杆以滚轮和位调节凸轮的接触点为支点逆时针转动，这样位调节杠杆就会离开主控制阀，主控制阀在主控制阀弹簧的推力作用下向左伸出，主控制阀通往回油阀的油孔 A 打开，进入的液压油将回油阀向右推进；通向油缸的油孔 C 关闭。此时，油泵输送过来的液压油打开单向阀进入油缸，推动活塞左移，带动提升臂以位调

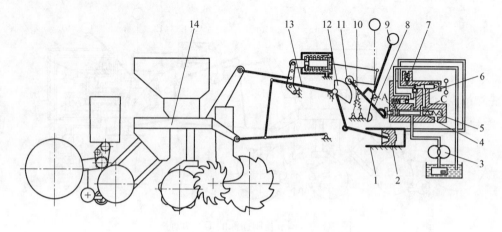

图 5-2　位调节控制播深的工作机理图

1—油缸；2—活塞；3—油泵；4—主控制阀；5—主控制阀弹簧；6—回油阀；
7—单向阀；8—位调节杠杆；9—位调节手柄位调节；10—杠杆弹簧；11—滚轮；
12—凸轮；13—外提升臂；14—玉米垄作新型免耕播种机

节凸轮支点为支点顺时针转动，外提升臂提起，播种机小幅提升。提升至设定的播深位置时"中立"，并停留在此播深位置上进行作业。反之，若播深变浅，则外提升臂带动位调节凸轮顺时针转动，凸轮行程减小，位调节杠杆在位调节弹簧的作用下，以滚轮与凸轮接触点为支点逆时针转动，杠杆的控制端推动主控制阀右移，油孔 A 关闭，通向油缸的油孔 C 打开，油缸内的压力油与油泵输送来的液压油汇合，并从回油孔 C 流出，外提升臂下降，播种机小幅下降，则播深变深。播种机下降到设定的播深位置时停止，保证播深的稳定性。

5.2　免耕播种机组工作性能分析

5.2.1　机组作业状态的工作性能分析

免耕播种机组田间作业时，为满足播种机的破茬深度和播种深度要求，必须进行受力分析，为便于分析计算，对机组作如下假设：

（1）机组作业时为匀速直线运动；

（2）播种机各轮盘受的土壤支反力，合力作用在假定的中间轮上。

播种机受到自身重力 G_m、土壤对播种机轮盘（破茬犁刀、清垄刀、施肥开沟盘、播种开沟盘、压种轮、覆土轮、地轮）的支反力（包括滚动阻力）p_t，先求得 G_m 和 p_t 的合力 R_m。此时，播种机受到 R_m 的作用，大小方向均已知；上拉杆作用力 N_B，作用线沿上拉杆 AB 的方向，大小未知；下拉杆作用力 S，作用线通过 D 点，大小未知，三力平衡，力的作用线汇交于一点，如图 5-3（a）所示，

可求得 N_B 和 S。单独取下拉杆 CD 为研究对象，受力分析如图 5-3（b）所示，可求得 T_S 和 N_C。

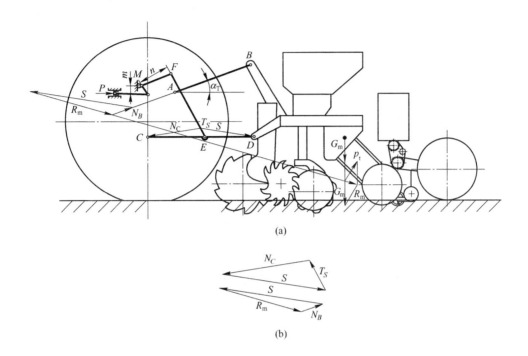

图 5-3 作业状态下悬挂机构受力分析

(a) 悬挂机构受力图；(b) 力的合成图

试验测得牵引阻力 R_m 为 3.5kN，可得 $N_B = 0.9$kN，$S = 4.2$kN，$N_C = 2.9$kN，$T_S = 1.08$kN。

力调节状态下，由上拉杆压缩力调节弹簧带动液压系统调节，使得牵引阻力稳定在预设值，从而保持播种深度的稳定性。对力调节弹簧为：

$$N_B \cos\alpha_T = k_L \Delta x \tag{5-1}$$

式中 N_B——上拉杆 AB 受的拉力，N；

α_T——上拉杆 AB 对水平面的倾角，(°)；

k_L——力调节弹簧的刚度系数，N/mm；

Δx——力调节弹簧的变形量，mm。

计算求得 $\Delta x = 2.63$mm，小于东方红-30 型拖拉机力调节弹簧允许的最大变形量 12mm，见表 5-1。所以，拖拉机播种机机组田间作业时，采用力调节的方式可以满足免耕播种机的播深稳定性要求。

表 5-1　东方红-30 型拖拉机力调节弹簧主要参数

参数名称及代号	参　数
形式	圆柱螺旋弹簧
材料	60SiMnA
刚度系数/N·mm^{-1}	324
自由长度/mm	65
最大变形量/mm	12
钢丝半径/mm	10
外径/mm	54.5
工作圈数	3.5
总圈数	5.5

若采用位调节，则播深依靠提升杆通过内提升臂带动活塞顶杆改变拖拉机油缸的行程保证。对提升轴 M，取力矩为零，即 $\sum M(i) = 0$，则 $T_S \cdot n = P \cdot m$，可求得田间作业时作用在油缸上的力 $P = 11.4\text{kN}$，小于东方红-30 型拖拉机油缸可承受最大推力 281kN。由此可见，田间保持正常播深作业时，油缸的提升力在安全范围内。

5.2.2　机组作业状态的牵引性能分析

拖拉机所能发挥的最大驱动力，是与驱动轮上的正压力成正比的。悬挂免耕播种机与拖拉机相互作用，将对拖拉机后轮上的正压力产生影响，从而改善拖拉机的牵引性能。免耕播种机组田间作业时，拖拉机纵垂面受力分析如图 5-4 所示。

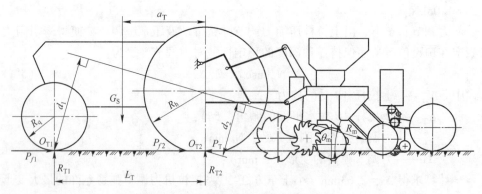

图 5-4　拖拉机在纵垂面内的受力分析

在平衡状态下，由受力平衡及分别取 $\sum M_{O_{T1}} = 0$，$\sum M_{O_{T2}}$，有：

$$\begin{cases} R_{T1} + R_{T2} = R_m \sin\theta_m + G_S \\ P_{f1} + P_{f2} - P_T + R_m \cos\theta_m = 0 \\ - G_S(L_T - a_T) - R_m d_1 + R_{T2} L_T = 0 \\ G_S a_T - R_{T1} L_T - R_m d_2 = 0 \end{cases} \quad (5\text{-}2)$$

式中　P_T——拖拉机驱动力，N；

G_S——拖拉机使用重量，N；

R_m——牵引阻力，N；

θ_m——牵引阻力对水平面的倾角，(°)；

P_{f1}——拖拉机前轮工作时的滚动阻力，N；

P_{f2}——拖拉机后轮工作时的滚动阻力，N；

d_1——拖拉机前轮支撑点到牵引阻力 R 的作用线的距离，mm；

d_2——拖拉机后轮支撑点到牵引阻力 R 的作用线的距离，mm；

O_{T1}——拖拉机前轮支撑点；

O_{T2}——拖拉机后轮支撑点；

a_T——拖拉机重心到拖拉机后轮支撑点的距离，mm；

L_T——拖拉机轴距，mm；

R_{T1}——拖拉机后载免耕播种机时前轮载荷，N；

R_{T2}——拖拉机后载免耕播种机时后轮载荷，N。

图 5-4 中，R_q 为拖拉机前轮的动力半径，mm；R_h 为拖拉机后轮的动力半径，mm。

拖拉机悬挂机构没有悬挂免耕播种机时，有：

$$\begin{cases} R_1' + R_2' = G_S \\ G_S a_T - R_1' L_T = 0 \end{cases} \quad (5\text{-}3)$$

式中　R_1'——拖拉机无加载时前轮载荷，N；

R_2'——拖拉机无加载时后轮载荷，N。

后悬挂免耕播种机会使得拖拉机前后轮的载荷发生变化，有：

$$\begin{cases} \Delta R_1 = R_{T1} - R_1' \\ \Delta R_2 = R_{T2} - R_2' \end{cases} \quad (5\text{-}4)$$

式中　ΔR_1——拖拉机悬挂免耕播种机前后前轮载荷变化值，N；

ΔR_2——拖拉机悬挂免耕播种机前后后轮载荷变化值，N。

后悬挂免耕播种机会使得拖拉机前轮减载，后轮加载，因而 ΔR_1 为 "-"，ΔR_2 为 "+"。已知东方红-30 型拖拉机使用重量 G_S 为 15.97kN，拖拉机前轮支撑点到牵引阻力 R_m 的作用线的距离 d_1 为 920mm，拖拉机后轮支撑点到牵引阻力 R_m 的作用线的距离 d_2 为 521mm，拖拉机重心到拖拉机后轮支撑点的距离 a_T 为

627mm，拖拉机轴距 L_T 为 1750mm，牵引阻力 R_m 为 3.5kN，对水平面的倾角 θ_m 为 16°。将以上参数值代入式（5-2），可得 $R_{T1} = 5.2$kN，$R_{T2} = 11.7$kN。将参数值代入式（5-3），得 $R_1' = 6.4$kN，$R_2' = 9.6$kN。经式（5-4）计算，得 $\Delta R_1 = -1.2$kN，$\Delta R_2 = 2.1$kN，说明拖拉机后悬挂玉米垄作新型免耕播种机后确实存在前轮减载、后轮加载的情况。

为保证拖拉机的稳定性和可操纵性，要求拖拉机悬挂免耕播种机时其前轮载荷不小于拖拉机使用重量的 20%，即

$$R_{T1} \geqslant 0.2 G_S \tag{5-5}$$

将 G_S 和 R_{T1} 代入式（5-5）校核，结果表明，拖拉机后悬挂玉米垄作新型免耕播种机田间作业时，满足拖拉机的稳定性和可操纵性要求。

5.2.3　作业机组的提升性能分析

在播种机的工作和提升过程中，由于机构运动使各杆件位置发生变化，油缸的受力大小也各不相同。播种机提升至最高位置未必是油缸最大受力位置，因此，常用的校核位置为 5 个：播深为 0、1/2 播深、最大播深、1/2 运输间隙、最大运输间隙。计算 5 个位置的 P 值，其中最大值不应超过东方红-30 型拖拉机说明书中标注的油缸最大推力值。

图 5-5（a）是悬挂机构的杆件结构简图，图 5-5（b）是茹科夫斯基杠杆图（机组杆系转向速度图），将速度按照一定的比例线段，用与 5-5（a）中各杆件实际速度垂直的方向表示。把油缸推力 P 作用在速度图中的 $1'$ 点，播种机的重量 G_m 作用在 $10'$ 点，力的大小方向都按照实际情况画出。由力矩平衡 $\Sigma M_O(i) = 0$，有：

$$P = \frac{G_m n_1}{m_1 \eta} \tag{5-6}$$

式中　P——液压系统作用在油缸活塞上的推力，N；

　　　η——考虑悬挂机构的摩擦损失下机构的机械效率，一般情况下 η 取 0.8~0.9；

　　　m_1——油缸推力 P_T 的作用力臂，mm；

　　　n_1——播种机重力 G_m 的作用力臂，mm。

播种机重力 G_m、机械效率 η、油缸推力力臂 m_1 均为定值，由式（5-6）可知油缸推力 P 与播种机重力 G_m 的作用力臂 n_1 成正比。

经比较，播种机提升在最高位置时，油缸推力 P 最大，经校核符合安全要求。

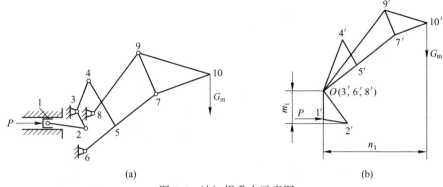

图 5-5 油缸提升力示意图

（a）杆件结构简图；（b）杆件转向速度图

5.3 免耕播种机组纵向稳定性分析

5.3.1 机组运输状态性能分析

机组在运输状态时，播种机处于如图 5-6 所示的悬空状态。此时，播种机的重量由油缸通过悬挂机构承担，即机组悬挂机构所受外力为播种机的重力 G_m，作用线通过播种机重心。取播种机位研究对象，播种机此时在三个外力共同作用下保持平衡：自身重力 G_m，大小方向均已知；上连杆的力 N_B，作用线沿上连杆 AB 的方向，大小未知；支撑点 D 给定的支反力 S，作用线通过 D 点，大小未知。

由力的平衡条件可知，三力必汇交于一点，如图 5-6（a）所示，此时拖拉机上拉杆 AB 与水平方向成 α_T 夹角，设 N_B 与合力 S 夹角记为 γ_T，由正弦定理：

$$\frac{G_m}{\sin\gamma_T} = \frac{S}{\sin(90 - \alpha_T)} = \frac{N_B}{\sin(90 - \alpha_T - \gamma_T)} \tag{5-7}$$

则 N_B、S 大小均可由图 5-6（b）的图示法求得。

单独取下拉杆 CD 为研究对象，D 点受到播种机的作用力 S，大小方向均已知；E 点受到提升杆 EF 的作用力 T_S，沿二力杆 EF 的方向，大小未知；下拉杆与拖拉机机体铰接点 C 受到的力 N_C 作用线通过 D 点，大小未知。三力分析如图所示，同理，由正弦定理，可求得 T_S 和 N_C。对于提升轴 M，有 $\sum M(i) = 0$，由此可得图 5-6（a）所示状态油缸的提升力。

免耕播种机自重 470kg，由图 5-6 中力的图解法，可求得 $N_B = 3.7\text{kN}$，$S = 8.2\text{kN}$，$N_C = 8.9\text{kN}$，$T_S = 11.6\text{kN}$。可见，上拉杆 AB 受拉力，下拉杆 CD 受压力，提升杆受拉力。对提升轴 M，有 $\sum M(i) = 0$，即 $T_S \cdot n = P \cdot m$，可求得作用在油缸上的力 $P = 45.8\text{kN}$。已知东方红-30 型拖拉机油缸额定工作压力为 140kg/cm^2，

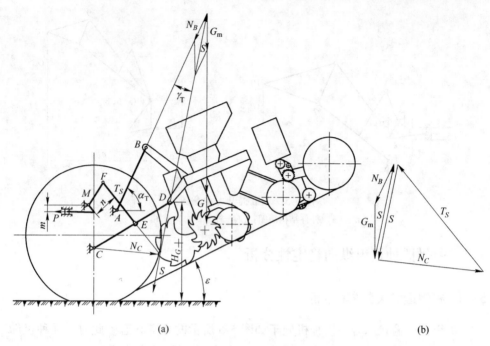

图 5-6   运输状态下悬挂机构受力分析

（a）悬挂机构受力图；（b）力的合成图

油缸内径为 80mm，（外径为 110mm），经计算东方红-30 型拖拉机油缸可承受281kN，可见此时油缸上作用力小于其额定工作压力。即当免耕播种机被提升至最高位置运输时，油缸的提升力在安全范围内。

免耕播种机组运输时，要求有良好的通过性。通过性的指标包括后通过角 ε 和运输间隙 h_{m}。由免耕播种机尾部向拖拉机的驱动轮作切线，切线与地面的夹角为免耕播种机组的后通过角。轻量化玉米垄作免耕播种机后通过角 ε 为 26°，满足悬挂机具运输时后通过角不小于 18° 的要求。此时下拉杆 CD 悬挂轴离地高度 H_G 为 850mm，新型玉米垄作免耕播种机下悬挂点离地高度尺寸 J_{m} 为 548mm，则免耕播种机最低点离地面高度 h_{m} 为 302mm，满足悬挂运输时免耕播种机运输间隙不得小于 250mm 的要求。可见，新型玉米垄作免耕播种机组运输时，满足良好通过性的技术指标。

5.3.2 机组纵垂面内瞬时回转中心数学模型的构建

田间作业时，免耕播种机组纵垂面内的瞬时回转中心位置对播种机组的工作性能有较大影响。为保证免耕播种机组的播深稳定和工作部件的入土性能，机组的瞬时回转中心应位于拖拉机驱动轮的前方。如图 5-7 所示，π_1 点为田间作业时播种机组在纵垂面内的瞬时回转中心位置。

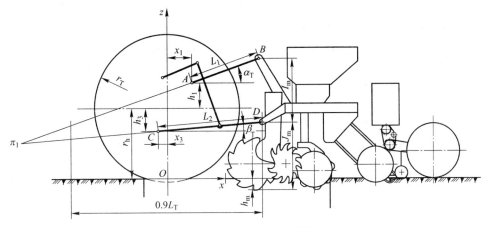

图 5-7 免耕播种机组在纵垂面内的瞬时回转中心

由图 5-7 可得：

$$\tan\beta_T = \frac{J_m + h_3 - r_h - h_m}{L_2\cos\beta_T} \tag{5-8}$$

$$\tan\alpha_T = \frac{I_m + J_m - r_h - h_m - h_1}{L_2\cos\beta_T - x_1 - x_3} \tag{5-9}$$

上拉杆 AB 的方程为：

$$Z_{AB} = X\tan\alpha_T + r_h + h_1 - x_1\tan\alpha_T \tag{5-10}$$

下拉杆 CD 的方程为：

$$Z_{CD} = X\tan\beta_T + r_h + h_3 - x_3\tan\beta_T \tag{5-11}$$

纵垂面瞬时回转中心 π_1 为 AB、CD 两直线的交点，免耕播种机组纵垂面内瞬时回转中心坐标为：

$$x_{\pi_1} = \frac{x_1\tan\alpha_T + x_3\tan\beta_T - h_1 - h_3}{\tan\alpha_T - \tan\beta_T} \tag{5-12}$$

$$z_{\pi_1} = \frac{r_h(\tan\alpha_T - \tan\beta_T) + (x_1 + x_3)\tan\alpha_T\tan\beta_T - h_3\tan\alpha_T - h_1\tan\beta_T}{\tan\alpha_T - \tan\beta_T}$$
$$\tag{5-13}$$

式（5-12）和式（5-13）即为作业机组在纵垂面内瞬时回转中心的数学模型。根据《农业轮式拖拉机后置式三点悬挂装置第 2 部分：IN 类》（GB/T 1593.2—2003）规定，纵垂面内瞬时回转中心点的坐标应满足下列条件：

$$|x_{\pi_1}| \geqslant 0.9L_T \tag{5-14}$$

东方红-30 型拖拉机悬挂机构的参数见表 5-2，玉米垄作新型免耕播种机悬挂参数为 $I_m = 513\text{mm}$，$J_m = 548\text{mm}$，作业时有 $\alpha_T = 19°$，$\beta_T = 11°$，将参数

代入式（5-12）和式（5-13），得机组纵垂面内瞬时回转中心点 π_1 坐标为（－1870，－249），满足式（5-14）。

表 5-2　东方红-30 型拖拉机悬挂机构参数

参数名称及代号	尺寸/mm
轴距 L_T	1750
上拉杆固定点到后轮中心距离 x_1	202
上拉杆固定点到后轮中心距离 h_1	209.75
下拉杆固定点到后轮中心距离 x_3	0
下拉杆固定点到后轮中心距离 h_3	110
拖拉机后轮半径 r_T	600
后轮中心到地面距离 r_h	566
上拉杆长度	500～650
下拉杆长度	420～780

5.3.3　机组纵向稳定性分析

后悬挂的免耕播种机降低了拖拉机的纵向稳定性。免耕播种机组在运输过程中经常会遇到爬坡的情况，要保证机组不发生后翻，必须进行机组爬坡安全性的校核。免耕播种机组上坡时的纵向稳定性分析如图 5-8 所示。

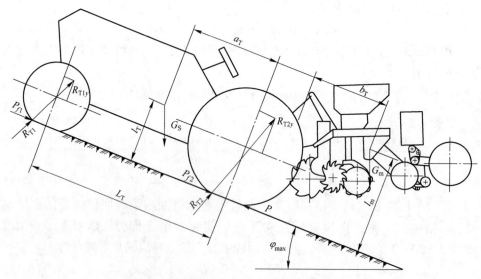

图 5-8　免耕播种机组上坡时的纵向稳定性

东方红-30 型拖拉机和玉米垄作新型免耕播种机机组能够爬的最大坡度角用

$\varphi_{\max}$ 来表示，对斜坡上的机组进行受力分析如图 5-8 所示，由平衡方程可得：

$$\sin\varphi_{\max} = \frac{P - P_{f1} - P_{f2}}{G_S + G_m} \qquad (5-15)$$

将拖拉机前后轮工作时的滚动阻力 P_{f1}，P_{f2} 忽略，则式（5-15）可简化为：

$$\sin\varphi_{\max} = \frac{P}{G_S + G_m} = \frac{P_{\max} + 0.1G_S}{G_S + G_m} \qquad (5-16)$$

式中 $P_{\max}$——东方红-30 型拖拉机的最大牵引力，N。

拖拉机爬最大坡度角时，其前轴的附加载荷为：

$$R_{1y} = \frac{(G_S a_T - G_m b_T)\cos\varphi_{\max} - (G_S l_T + G_m l_m)\sin\varphi_{\max}}{L_T} \qquad (5-17)$$

式中 l_T——东方红-30 型拖拉机的重心高度，mm；

l_m——玉米垄作新型免耕播种机的重心高度，mm。

拖拉机悬挂机构无后载时，前轴的附加载荷为：

$$R'_{1y} = \frac{G_S a_T \cos\varphi_{\max} - G_S l_T \sin\varphi_{\max}}{L_T} \qquad (5-18)$$

标准规定，在最大坡上时，拖拉机有后载时的前轮载荷不得小于没有后载时的 20%，认为机组满足纵向稳定性要求，即

$$R_{T1y} \geqslant 0.2R'_{1y} \qquad (5-19)$$

将东方红-30 型拖拉机和玉米垄作新型免耕播种机参数代入式（5-17）、式（5-18）和式（5-19），可得 $\tan\varphi_{\max} \leqslant 1.335$，即 $\varphi_{\max} \leqslant 53°$。玉米垄作新型免耕播种机由东方红-30 型拖拉机牵引爬坡角度小于等于 53° 是安全的。

6　播种单体田间性能试验研究

6.1　土壤工作部件测试装置的设计

6.1.1　测试装置设计目的

现有的测试装置不能满足玉米垄作新型免耕播种机播种单体的工作性能测试，本书研制出一种免耕播种机土壤工作部件测试装置，既可用来测试播种单体，也可用来对其他土壤工作部件进行测试，根据测试可以得到土壤工作部件的工作阻力、受力方向、着力点、工作深度和机具配重等参数，为东北地区玉米垄作免耕播种机土壤工作部件的后续分析和优化设计提供理论参考。

6.1.2　测试装置的结构设计

测试装置采用钢结构，主要由悬挂架、测力框架、四连杆仿形机构、拉压力传感器、角位移传感器、直线位移传感器和土壤工作部件固定装置等组成，如图6-1所示。

悬挂架一端与拖拉机悬挂系统采用三点悬挂的方式相连接，为测试装置提供牵引力，并控制其升降，另一端通过两组四连杆仿形机构与两组测力框架相连接，整机采用双行工作模式，避免单行工作易产生跑偏带来危险及误差。两侧测力框架可根据不同垄距进行横向调节，必要时可将无传感器一侧测力框架拆掉，以适应工作环境。将两个拉压力传感器装在其中一侧的四连杆机构上，四连杆仿形机构的转轴上方装有角位移传感器，在测力框架上方装有直线位移传感器。测试装置目的在于测试土壤工作部件本身的受力，以及在适当增加配重时达到破开玉米根茬根上节（五叉股）的入土深度，因而未安装限深地轮。拖拉机与农机按位调节方式控制。

6.1.3　测试装置的工作机理

悬挂架通过下悬挂、下悬挂销以及悬挂架上的悬挂点与牵引拖拉机相连接，运用拖拉机液压系统控制测试装置的升降，并提供牵引力。调整两四连杆仿形机构之间的距离，以适应不同垄距，通过工作部件连接架将土壤工作部件固定到测力框架上，调整直线位移传感器，使其下部接触到测力框架上，将拉压传感器、

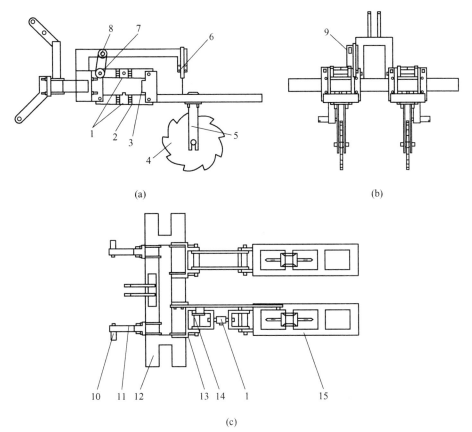

(a)　　　　　　　　　　　　　　　　(b)

(c)

图 6-1　免耕播种机土壤工作部件测试装置结构简图
（a）测试装置主视结构；（b）测试装置侧视结构；（c）测试装置俯视结构
1—拉压传感器；2—四连杆板；3—限位板；4—破茬犁刀；5—破茬犁刀安装架；
6—直线位移传感器；7—链条；8—链轮；9—角位移传感器；10—下悬挂销；
11—下悬挂；12—悬挂架；13—仿形四连杆连接板；14—轴壳；15—测力框架

角位移传感器和直线位移传感器与数据采集卡相连接，数据采集卡与计算机相连接。当测试装置工作，即土壤工作部件在田间进行作业时，土壤工作部件入土后位置降低，测力框架通过四连杆仿形机构连接随之降低，这时直线位移传感器会检测到测力框架发生位移变化（即入土深度）；角位移传感器通过链条、链轮与四连杆仿形机构连接，会检测到角位移变化，四连杆仿形机构中的两个拉压传感器也会检测到拉力压力变化，如图 6-2 所示。

图 6-2 中 AA'、BB' 分别为四连杆仿形机构的上、下拉杆，均为二力杆。测试时，将拉压力传感器安装在两个拉杆上。F_D 为上、下两个拉杆受力的合力，G_D 为装置重力，R_D 为土壤工作部件的工作阻力，三力汇交于一点，形成平衡力系，由上、下拉杆合力 F_D 和重力 G_D，可求得工作阻力 R_D。试验时通过数据采集卡将

数据记录下来，保存到计算机，试验结
束后，将数据采集卡中记录的数据进行
处理、分析、计算，最终得到土壤工作
部件受力以及入土深度等工作性能指标。

6.1.4　试验设备与试验方法

6.1.4.1　试验设备

室内土槽试验动力由 11kW 电动车
提供，采用 Y160M-4 三相异步电动机和
YCT225-4A 电磁调速电机。试验设备包
括自行研制的免耕播种机土壤工作部件
测试装置、2 个拉压力传感器、1 个角位
移传感器和 1 个直线位移传感器。QLLY
型拉压力传感器的量程为 0～700kg，为
柱式 S 形结构，安装在测试装置的四连

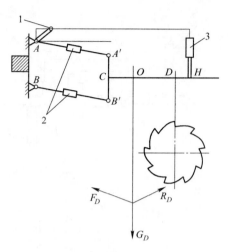

图 6-2　免耕播种机土壤工作
部件测试装置的工作机理
1—角位移传感器；2—拉压力传感器；
3—直线位移传感器

杆仿形机构的上拉杆和下拉杆上，用来感知在工作中土壤工作部件所受力的大
小。拉压力传感器所输出的信号用加装 BSQ-2 型变送器对信号进行放大。
WDD35D4 型角位移传感器安装在机架上，用来测量四连杆仿形机构在工作中角
度的变化情况。KTRC-100L 直线位移传感器有效行程为 100mm，安装在测试装
置机架尾部，用来测量土壤工作部件的工作深度。

直线位移传感器标定过程：将 KTRC-100L 型直线位移传感器的电源线与晶
体管稳压电源的"+""-"连接，将传感器信号线与标准型数字万用表的表笔连
接，改变直线位移传感器位移，观察万用表的电压示数，记录的位移和电压数据
见表 6-1。

表 6-1　KTRC-100L 型直线位移传感器的标定数据

位移/cm	1	2	3	4	5	6	7	8	9
电压/V	1.45	2.52	3.89	5.85	6.25	7.76	9.19	10.48	11.69

根据表 6-1 中数据，绘制直线位移传感器的位移与电压的曲线关系如图 6-3
所示。

则 KTRC-100L 型直线位移传感器位移 y_1 与其输出电压 x_1 间的函数关系式为：
$y_1 = 0.784x_1 - 0.149$，$R^2 = 0.9837$，说明其线性关系显著。

利用 BSQ-2 型变送器、WDW-200 万能试验机、JWY-30B 稳压电源和 UT52
数字万用表对 QLLY 拉压传感器进行标定，得 QLLY 型拉压传感器位移 y_2 与其输

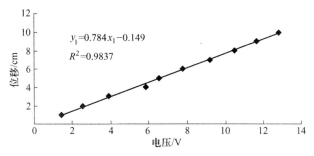

图 6-3 直线位移传感器的标定曲线

出电压 x_2 间的函数关系式为：$y_2 = 1372x_2$。

同样，对于 WDD35D4 型角位移传感器，标定得其转动角度 y_3 与电压 x_3 间的函数关系式为 $y_3 = 64.14x_3 + 172.3$。

该土壤工作部件测试装置可对免耕播种机多个土壤部件进行测试，本次试验选择自主研制的新型阿基米德螺线形破茬犁刀为土壤工作部件，检测试验装置的工作状态，如图 6-4 所示。

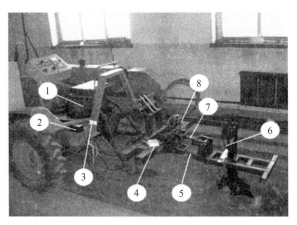

图 6-4 免耕播种机土壤工作部件测试装置的土槽试验

1—便携式计算机；2—蓄电池；3—数据采集器；4—变送器；
5，7—拉压力传感器；6—直线位移传感器；8—角位移传感器

6.1.4.2 试验方法

土槽试验的试验时间为 2015 年 1 月，土槽内的玉米根茬从大田中移栽，并对土槽中土壤进行平整、浇水等细节处理，尽可能模拟田间环境。对移栽的根茬进行测量，得根茬平均高度为 167mm，平均直径为 32mm，平均间距为 300mm。试验土槽中土壤各项指标接近田间土壤各项指标。将试验装置与土槽动力车进行组装，如图 6-4 所示，安装待测土壤工作部件，试验装置悬挂架部分与电动动力

小车悬挂连接，检验各部件运转是否灵活。机械部分安装完成后，开始安装测试系统，将 2 个拉压力传感器、1 个角位移传感器和 1 个直线位移传感器安装在试验台上，所有传感器的电源线与蓄电池相连接，通过蓄电池对传感器进行供电，角位移传感器和直线位移传感器的信号线直接与数据采集器相连接，拉压力传感器与变送器连接后，再将信号线与数据采集器相连接，数据采集器与便携式计算机通过 USB 接口相连接，并通过 USB 接口对数据采集器供电。全部安装完成后，便携式计算机通过 LabVIEW SignalExpress 对数据采集器进行控制以及使用，通过 LabVIEW SignalExpress 可对数据采集器以及所连接的多个传感器进行检验，判断连接正常，可以开始试验。

6.1.4.3　土壤工作部件的受力分析

破茬犁刀进行破茬作业时，受到机具牵引阻力、土壤垂直反力及其本身工作深度的影响，同时要对土壤工作部件所受阻力的大小、方向、着力点进行受力分析。受力情况如图 6-5 所示。

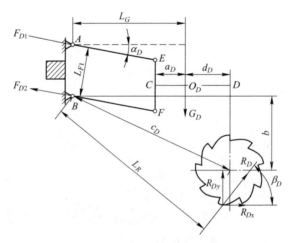

图 6-5　测试装置受力简图

根据受力分析，计算出土壤工作部件所受阻力的大小、方向、着力点，建立平衡力系两个方程组为：

$$\begin{cases} F_{Dx} = R_{Dx} \\ F_{Dy} + R_{Dy} = G_D \\ R_D \cdot L_R = G_D \cdot L_G + F_{D1} \cdot L_{F1} \end{cases} \tag{6-1}$$

$$\begin{cases} F_{Dx} = \mid \overline{F_{D2}} - \overline{F_{D1}} \mid \cdot \cos\alpha_D \\ F_{Dy} = \mid \overline{F_{D2}} - \overline{F_{D1}} \mid \cdot \sin\alpha_D \end{cases} \tag{6-2}$$

式中 F_{Dx}——四连杆仿形机构上下拉杆所受合力沿装置前进方向的水平分力，N；

$\quad$ F_{Dy}——四连杆仿形机构上下拉杆所受合力垂直于地面方向的垂直分力，N；

$\quad$ R_{Dx}——被测土壤工作部件所受阻力在装置前进方向相反的水平分力，N；

$\quad$ R_{Dy}——被测土壤工作部件所受阻力在垂直于地面方向的垂直分力，N；

$\quad$ L_{F1}——四连杆仿形机构中上拉杆受力 F_1 的力臂，cm；

$\quad$ R_D——被测土壤工作部件所受工作阻力，N；

$\quad$ L_R——被测土壤工作部件所受工作阻力 R 的力臂，cm；

$\quad$ G_D——测试装置以及土壤工作部件重力，N；

$\quad$ L_G——测试装置以及土壤工作部件重力力臂，cm；

$\quad$ N_D——测试装置及被测土壤工作部件所受的支持力，N；

$\quad$ a_D——测试装置及被测土壤工作部件所受支持力的力臂，cm；

$\quad$ b_D——下铰接点 B 到破茬犁刀中心的垂直距离，cm；

$\quad$ c_D——下铰接点 B 到破茬犁刀中心的直线距离，cm；

$\quad$ F_{D1}——四连杆仿形机构中上拉杆所受的力，N；

$\quad$ F_{D2}——四连杆仿形机构中下拉杆所受的力，N；

$\quad$ α_D——四连杆仿形机构的角度变化量，(°)；

$\quad$ β_D——土壤工作部件所受力的角度方向，(°)；

$\quad$ O_D——土壤工作部件重心。

由式（6-1）、式（6-2）可求得被测土壤工作部件所受阻力在装置前进方向相反的水平分力 R_{Dx}、被测土壤工作部件所受阻力在垂直于地面方向的垂直分力 R_{Dy}，进而求得土壤工作部件工作阻力 R_D 为：

$$R_D = \sqrt{R_{Dx}^2 + R_{Dy}^2} \tag{6-3}$$

受力方向角 β_D 为：

$$\beta_D = \arctan \frac{R_{Dy}}{R_{Dx}} \tag{6-4}$$

其着力点的作用线与被测土壤工作部件的中心距离为：

$$l_D = L_R - c_D \cdot \cos\left(\arctan \frac{R_{Dy}}{R_{Dx}} - \arctan \frac{b_D}{a_D}\right) \tag{6-5}$$

6.1.5 土槽试验结果与分析

6.1.5.1 土槽试验结果与分析

NATIONAL INSTRUMENTS USB-6008 型数据采集器与便携式计算机相连，通过便携式计算机装有的 LabVIEW SignalExpress 2011 软件进行数据采集，工作界面如图 6-6（a）所示。将采集到的数据导入到 Excel 表格中作为原始数据，如图 6-6（b）所示，该 Excel 中分为四个工作表，从左到右依次为 a_3、a_2、a_1、a_0，分别代表直线位移传感器、角位移传感器、四连杆仿形机构下拉杆拉压力传感器、四连杆仿形机构上拉杆拉压力传感器。每个工作表分为 A、B、C 三个栏，A栏表示传感器工作时间，B 栏表示传感器工作时输出的信号电压，C 栏则表示通过对三种不同传感器标定结果以及换算公式推导计算出来工作深度、角度变化、拉压力的具体数值。

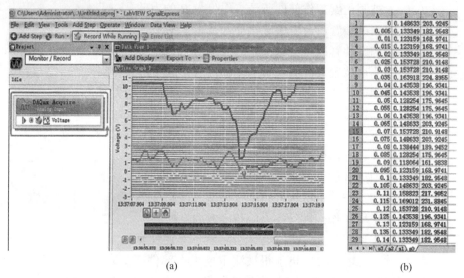

(a)　　　　　　　　　　　　　　　(b)

图 6-6　LabVIEW SignalExpress 2011 运行界面与导出的 Excel 表格
(a) 运行界面；(b) 导出的 Excel 表格

根据测试所得的数据，分别绘制破茬深度、四连杆仿形机构角度变化、四连杆仿形机构上下两个拉杆的受力曲线图，如图 6-7 所示。

试验中加装配重 75kg 后装置总质量为 115kg，根据玉米根茬破茬试验所得数据见表 6-2。将上述参数代入式（6-1）~式（6-5）中，可以得出与前进方向相反的水平分力 R_{Dx} 为 451.34N，垂直于地面方向的垂直分力 R_{Dy} 为 1727.77N，破茬犁刀工作阻力的合力 R_D 为 1868.38N，受力方向角度 β_D 为 67.66°，破茬深度 h_L 为 7.524cm，其着力点的作用线与被测土壤工作部件的中心距离 l 为 4.59cm。为保证破茬犁刀在进行切茬作业时，能够达到切茬深度，测试装置所加配重必须大于破茬犁刀所受阻力垂直于地面方向的分力 R_{Dy}，即大于 1722.77N，故所需配重及自身质量应大于 175.79kg，该组试验中，装置及所加装配重总质量为 190kg，大于切开五叉股时所需质量，符合试验所需配重的最低要求。

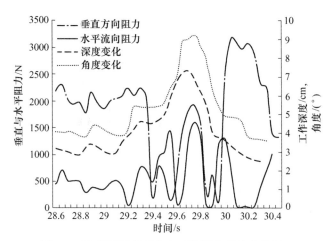

图 6-7　破茬犁刀水平方向工作阻力变化曲线图

表 6-2　破茬犁刀工作时测得的数据

编号	工作深度 h/cm	角度 α/(°)	上拉杆受力 F_1/N	下拉杆受力 F_2/N	水平分力 R_x/N	垂直分力 R_y/N	阻力 R/N
1	7.23	67.3	-928.47	1185.84	258.38	1745.1	1812.15
2	7.36	67.45	-907.50	1213.80	305.05	1740.06	1818.83
3	7.43	67.56	-746.73	1171.86	423.33	1728.64	1845.33
4	7.13	67.11	-1068.27	1731.09	122.37	1757.31	1801.23
5	7.72	67.94	-1159.14	1800.99	638.76	1704.85	1919.08
6	7.98	68.07	-1005.36	1682.16	673.40	1700.07	1933.22
7	7.96	68.31	-1054.29	1458.46	401.99	1770.8	1877.4
8	7.85	68.15	-900.51	1388.56	485.54	1718.31	1859.88
9	7.67	67.89	-823.62	1283.70	457.90	1704.85	1836.42
10	6.91	66.81	-1194.09	1940.80	746.71	1707.72	1980.29
均值	7.524	67.66	-978.80	1485.73	451.34	1727.77	1868.38
方差	0.12	0.24	20552.22	79851.48	38107.69	609.53	3458.91
标准差	0.35	0.49	143.36	282.58	195.21	24.69	58.81
变异系数 CV/%	4.63	7.26	-14.65	19.02	43.25	1.43	3.15

　　根据破茬犁刀切茬试验所得数据，分别绘制出工作时间与破茬犁刀所受阻力在测试装置前进方向相反的水平分力 R_{Dx} 和所受阻力在垂直于地面方向的垂直分力 R_{Dy}，如图 6-8 和图 6-9 所示。

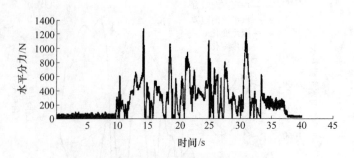

图 6-8　切割时间与水平分力 R_{Dx} 的曲线图

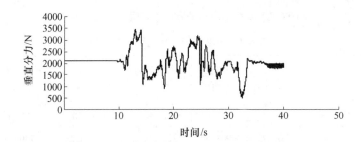

图 6-9　切割时间与垂直分力 R_{Dy} 的曲线图

通过分析图 6-8 和图 6-9 可以看出这两条曲线变化时都是间隔一段距离之后出现一个峰值，得出了破茬犁刀在切割玉米根茬时，切割时间与切割阻力的图像符合脉冲信号的机理。

6.1.5.2　方案可行性论证

根据课题组研制的玉米根茬切割阻力测试试验台（见图 6-10），对同一破茬犁刀的测试，当机器前进速度为 5km/h 时，水平分力 367.2N，而垂直分力为 1195N；本次土壤耕作部件测试装置的室内土槽试验，机器前进速度为 0.3km/h，比机器前进速度为 5km/h 时阻力大，水平分力 451.34N，垂直分力为 1727.77N，说明测试装置方案合理可行。

6.1.6　田间试验验证

田间试验于 2015 年 4 月 26 日进行，在留有玉米根茬的垄作未耕地块进行试验。试验地块为秋季机械收获玉米后留茬地，土壤含水率的平均值为 19.15%，土壤容重 1.26g/cm³；玉米垄距平均为 60cm，株距 22.79cm；垄作留茬高度平均为 30.76cm，秸秆直径平均为 3.28cm。免耕播种机土壤工作部件测试装置由东方

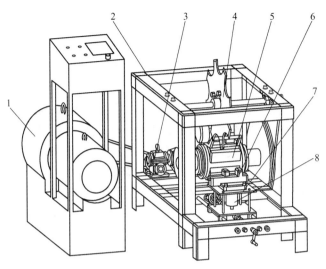

图 6-10　玉米根茬切割阻力测试装置

1—调速电动机；2—机架；3—减速器；4—犁刀盘；
5—转矩转速传感器；6—夹具；7—底座；8—拉压传感器

红-30 型拖拉机按位调节悬挂连接，试验装置的安装如图 6-11 所示。土壤工作部件为新型切拨防堵装置。通过田间试验验证，说明测试装置功能可行，方案合理。

图 6-11　免耕播种机土壤工作部件测试装置的田间试验

6.2　田间性能试验设备与方法

6.2.1　试验设备

免耕播种单体的播种深度和工作阻力分别由 KTRC-100L 型直线位移传感器和应变式负荷传感器 QLLY 型拉压力传感器测得，传感器的标定工作前期已完成。

　　试验中采用 NI USB-6008 型多功能数据采集卡来采集由各传感器输送来的物理信号。选择 NI LabVIEW Signal-Express 2011 软件与 NI USB-6008 数据采集器配套使用，二者均为美国国家仪器有限公司生产，配套使用工作性能稳定，主要用于对于传感器传来的物理信号的采集、生成、分析、比较、记录、导入、导出数据。LabVIEW Signal-Express 2011 软件不但能接受数据的输入，也可将所采集到的数据导出到其他数据处理软件，方便对数据的后续分析处理。对于田间作业机械，土壤阻力激励引起的有效频率一般都低于 20Hz，试验中为了保证所采集信号的完整性，采样频率取 200Hz，远大于有效频率。

　　试验中还需要土壤工作部件测试装置、悬挂式测力框架、便携式计算机、卷尺、皮尺、直尺、连接线、标杆、摄像工具等设备。测试系统总体结构如图 6-12 所示。

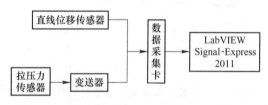

图 6-12　测试系统示意图

　　测力框架的结构组成与工作原理。测力框架连接在拖拉机后悬挂装置和播种单体之间，只有一个测力通道，用来测量机具的牵引力。该测力框架由上传力杆 1、连杆 2、下固定架 3、传感器后端固定销 4、传感器 5、传感器前端固定销 6、下传力杆 7、立轴 8、框架 9、距离调节丝杠 10 等零部件构成。框架的前三点 D、E、F 分别与拖拉机的上、下拉杆相连接，后三点 A、B、C 则分别与悬挂式机架的上、下悬挂点相连，调整使其处在正确的测量状态。传感器在测力框架上的安装情况如图 6-13 所示。

　　田间测量作业时，为了使传感

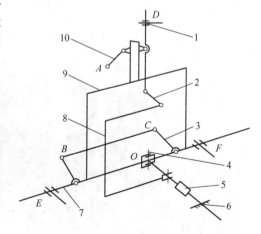

图 6-13　悬挂式测力框架工作原理图
1—上传力杆；2—连杆；3—下固定架；
4—传感器后端固定销；5—传感器；
6—传感器前端固定销；7—下传力杆；
8—立轴；9—框架；10—距离调节丝杠

器能够精确反映播种单体的牵引阻力，必须要对悬挂式测力框架的测量位置进行调整，调整左右下传力杆至其回转面水平，轴线垂直于纵垂面；调整上传力杆至工作面在纵垂面内，轴线与水平面垂直，如图 6-14 所示。

图 6-14　传感器在悬挂式测力框架上的安装情况

　　试验中播种单体及试验装置组装如图 6-15 所示，播种单体固定在土壤工作部件测试装置上，经悬挂式测力框架与拖拉机的后悬挂装置相连。将测力框架按照使用要求调整好，装上 QLLY 型拉压力传感器，以及与拉压力传感器相连的变送器。KTRC-100L 型直线位移传感器上端固定在安装架上，下端与固定在开沟器支架上的铁板接触，可测出播种深度的变化。

图 6-15　播种单体的田间试验

1—便携式计算机；2—拉压力传感器；3—数据采集卡；4—变送器；5—蓄电池；6—直线位移传感器

6.2.2　播种单体牵引阻力的分析

　　播种单体的牵引阻力是指作用于播种单体上的全部力在机组纵向铅垂面内的水平分力的合力。田间作业时，播种单体和悬挂式测力框架在纵垂面内受到系统重力、上下拉杆力以及土壤对开沟盘和镇压轮的作用力，受力分析如图 6-16 所示。

在水平方向上，根据力的平衡条件得：

$$R_{5x} + R_{6x} = F_{b2} - F_{b1}\cos\theta_b \qquad (6-6)$$

式中　R_{5x}——土壤作用于开沟盘的水平分力，N；

　　　R_{6x}——土壤作用于镇压轮的水平分力，N；

　　　F_{b1}——上拉杆对播种单体作用力在纵向铅垂面内的分力，N；

　　　F_{b2}——两个下拉杆对播种单体作用力在纵向铅垂面内的分力，N；

　　　θ_b——上拉杆轴线在纵向铅垂面内与水平面的夹角，(°)。

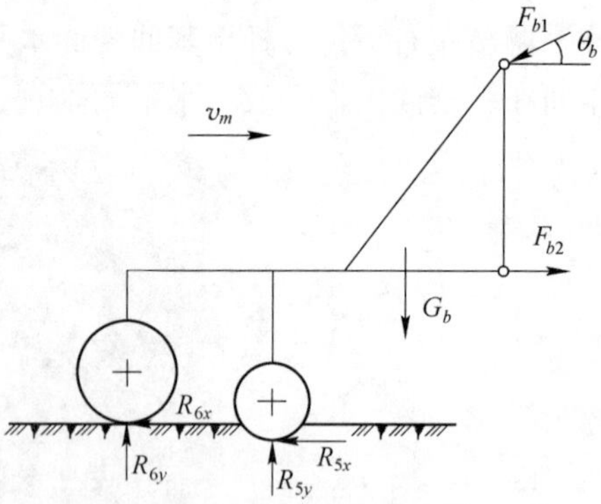

图 6-16　播种单体和悬挂式测力框架
纵垂面内受力示意图

由式（6-6）可以看出，牵引阻力实质上是上下拉杆对播种单体的作用力在纵垂面内水平分力的代数和。牵引阻力直接影响着拖拉机的工作效率和作业能耗。

6.2.3　试验条件分析

新型免耕播种机的播种单体试验于 2016 年 4 月初科学基地实验田进行。试验田土壤类型为棕壤土。土壤容重用环刀法测定 3 次取平均值为 1.23g/cm³。土壤坚实度用 SC900 型数字式土壤紧实度测量仪测定 10 次取平均值，得到结果为平均土壤紧实度，在 0cm（地表）处为 121kPa，5cm 处为 386kPa，10cm 处为 474kPa，15cm 处为 825kPa。土壤含水率用 SM-2 型高精度土壤水分测量仪（精度±5%，澳作生态仪器有限公司）测定 10 次取平均值，得到结果为 0~10cm 的播种层土壤平均含水率为 12.6%，10~20cm 的种下土壤平均含水率为 15.3%。土壤温度用土壤温度仪测定 10 次取平均值，结果为 5cm 处土壤平均温度为 16.1℃，10cm 处土壤平均温度为 12.9℃，15cm 处土壤平均温度为 11.7℃。前茬作物为玉米，收割后留茬高度平均值为 25.37cm。试验用玉米种子为丹玉 508。

6.2.4　试验方法

试验前，先将试验地块按照试验需要划分成几个小区，每个小区长 70m，宽 25m。测试区的前后两侧分别留有 25m 的调整区。在调整区和测量区的分界处插上标杆。调整区用于调整播种单体和拖拉机的工作状态，中间的 20m 长区域作为试验测量区。

在调整区匀速作业一定距离后，观察播种深度与电压信号是否符合要求，若一切正常，拖拉机带动播种单体匀速行驶至测量区完成试验数据采集。试验中，拖拉机采用力调节和位调节两种控制方式，分别以 5km/h 和 8km/h 进行试验，测得四组不同的数据。

6.3 试验结果及分析

拖拉机带动播种单体前进，利用 KQRC-100L 直线位移传感器和 QLLY 拉压力传感器采集到电压信号，电压信号经由 LabVIEW Signal-Express 2011 软件导入 Excel 软件，根据传感器的表达式计算，得到单体的播种深度和牵引阻力数据。在测量区平稳作业的时间段内取 10s 所测得的数据，进行播种深度和牵引阻力的时域分析和频域分析。信号通过了平衡性和各态历经检验，符合要求，数据可信。

6.3.1 基于 Matlab 的时域分析

对测得的数据，利用 Matlab 编程得到播种深度和牵引阻力随时间变化的曲线。

6.3.1.1 力调节

拖拉机力调节状态时，带动播种单体以 5km/h 速度前进，对测得的试验数据经 Matlab 编程，得单体的播种深度和牵引阻力随时间变化曲线如图 6-17 和图 6-18 所示。

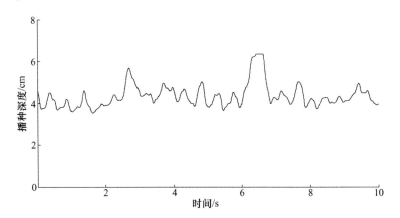

图 6-17 力调节播种深度随时间变化曲线

对图 6-17 和图 6-18 所示的力调节状态下，播种深度和牵引阻力数据进行统计分析，得出播种单体在取样时间内的试验结果，见表 6-3。

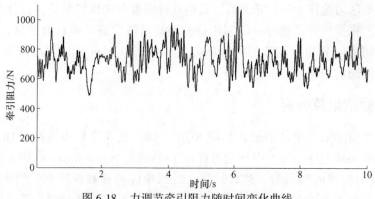

图 6-18   力调节牵引阻力随时间变化曲线

表 6-3   力调节播种单体田间试验结果

试验结果	最大值	最小值	均值
播种深度/cm	6.32	3.53	4.34
牵引阻力/N	1090.25	488.96	722

由表 6-3 可知，播种深度均值为 4.34cm，最大值为 6.32cm，其相对于均值的波动量为 45.68%，非常明显，波动值大大超出播种深度与均值上下波动范围不大于 20% 的农艺要求。播种深度最小值为 3.53cm，相对于平均值的波动量为 18.68%，已经接近于要求极限范围。因此，力调节方式不适合于播种单体保持良好播种深度的要求。

6.3.1.2   位调节

为了更好地与力调节进行对比，对拖拉机位调节状态时，带动播种单体以 5km/h 速度前进测得的数据进行分析。经 Matlab 软件编程，得到位调节状态下，单体的播种深度和牵引阻力随时间变化曲线如图 6-19 和图 6-20 所示。

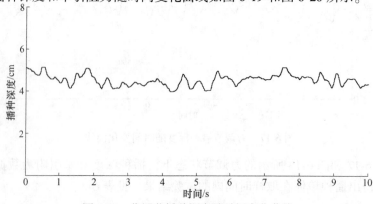

图 6-19   位调节播种深度随时间变化曲线

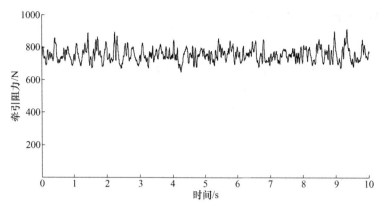

图6-20 位调节牵引阻力随时间曲线

对于图6-19和图6-20的位调节下试验数据进行统计计算并加以分析,得出播种单体在取样时间内的试验结果见表6-4。

表6-4 位调节播种单体田间试验结果

试验结果	最大值	最小值	均值
播种深度/cm	5.12	3.97	4.53
牵引阻力/N	914.19	646.37	754

由表6-4可知,播种深度均值为4.53cm,最大值为5.12cm,最大值相对于均值的波动量为13.06%,播种深度最小值为3.97cm,其相对于平均值的波动量为12.45%,符合播种深度与均值上下波动范围不大于20%的农艺要求。

播种单体田间试验验证,拖拉机位调节方式符合保持良好播种深度的农艺要求。

对比表6-3和表6-4发现,拖拉机带动播种单体以相同的速度前进,力调节和位调节的播深稳定性差异较大。主要原因在于拖拉机力调节和位调节作用机理不同。播种单体作业时田间工况复杂多变、土壤阻力的不均匀性、合成式悬挂机具测力装置以及悬挂式安装架等因素,都对耕作阻力有影响,因而阻力变化大,导致了播种深度稳定性较差。位调节时播种单体与拖拉机固结为刚体,播种深度不受土壤比阻影响,播深稳定性较高。

所以,为达到播种深度的稳定性要求,拖拉机液压系统的位调节状态适宜本书所设计免耕播种机播种单体的田间作业。

基于以上分析结果,后续不再对力调节测得的试验数据进行分析研究。对拖拉机位调节测得的数据进行相关分析和频域分析,以探讨播种单体结构的合理性。

6.3.2 基于 Matlab 的相关分析

相关分析是一种信号时域分析的重要方法，用相关函数来描述波形的相似程度，进而揭示信号波形结构特性，为函数的工程应用提供信息。求得播种单体的播种深度和牵引阻力互相关函数如图 6-21 所示。

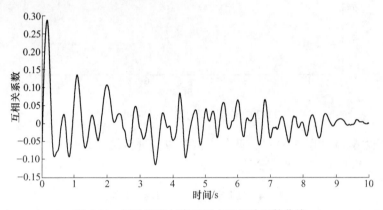

图 6-21　播种深度与牵引阻力互相关函数曲线

由图 6-21 可得，播种深度与牵引阻力互相关系数先增后减，在 $t = 0.16$s 时出现最大值，说明播种深度和牵引阻力在 $t = 0.16$s 处具有最强的相关性，即播种深度变化后经 0.16s 后牵引阻力发生变化，基本可满足实时调节。

6.3.3 基于 Matlab 的频域分析

为了分析播种单体的田间工作性能，对播种深度和工作阻力数据进行谱密度分析，播种深度和牵引阻力的功率谱密度曲线如图 6-22 和图 6-23 所示。

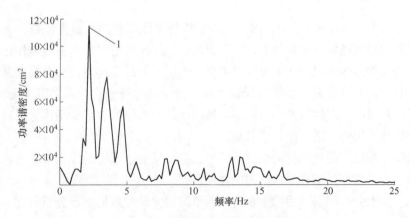

图 6-22　播种深度功率谱密度曲线

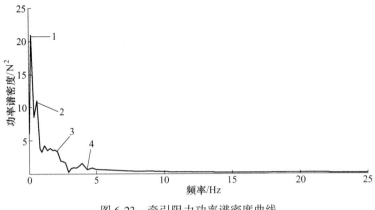

图 6-23 牵引阻力功率谱密度曲线

可以看出,图 6-22 的播种深度功率谱密度曲线频带较宽,范围约在 0~20Hz,能量较分散;图 6-23 的牵引阻力功率谱密度曲线频带较窄,基本在 0~5Hz。自变量的信号频带较因变量信号宽,证明播种单体工作稳定,结构设计合理。

为确切了解播种单体的工作动态响应,需要分析出功率谱密度函数曲线中几个峰值点的原因,即分别由播种单体中哪个部件的振动引起。

田间作业时,播种单体的牵引阻力隐含丰富的周期信号,牵引阻力功率谱密度曲线图中的 1 处峰值应该为土壤非匀质以及地表不平度造成的。

试验中播种单体的镇压轮外径为 $D = 450\text{mm}$,经计算,镇压轮转动一圈移动的直线距离为 1.41m,单体前进速度为 1.39m/s,则镇压轮在机组前进方向上转动一圈所用的时间约为 1s,即频率为 1Hz,则可知图 6-23 中的 2 点(频率为 1Hz)处出现的峰值是由于镇压轮的振动引起的。

播种开沟圆盘直径为 $D_0 = 304\text{mm}$,开沟圆盘转动一周移动的直线距离为 0.95m,则在机组前进方向上转动一圈所用的时间约为 0.6s,其频率约为 2Hz,可知图 6-23 中 3 处出现的峰值是由于播种开沟圆盘的振动引起的。

压种轮直径为 $D_1 = 100\text{mm}$,转动一周移动的直线距离约为 0.31m,则在机组前进方向上转动一圈所用的时间约为 0.22s,其频率约为 4.6Hz,可知图 6-23 中 4 处出现的峰值是由于压种轮的振动引起的。

6.3.4 位调节下播种单体不同速度对比

拖拉机在位调节状态下,以 8km/h 的速度带动播种单体前进,得到的播种深度和牵引阻力随时间变化曲线分别如图 6-24 和图 6-25 所示。

对图 6-24 和图 6-25 所示播种深度和牵引阻力数据进行统计分析,得出播种单体在取样时间内的试验结果,见表 6-5。

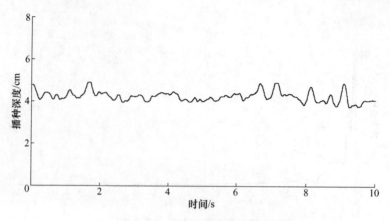

图 6-24　8km/h 时播种深度随时间变化曲线

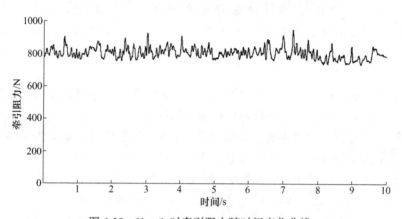

图 6-25　8km/h 时牵引阻力随时间变化曲线

表 6-5　速度 8km/h 时播种单体田间试验结果

试验结果	最大值	最小值	均值
播种深度/cm	4.89	3.75	4.23
牵引阻力/N	947.76	735.78	803.7

播种深度均值为 4.23cm，最大值为 4.89cm，最大值相对于均值的波动量为 15.6%，播种深度最小值为 3.75cm，其相对于平均值的波动量为 11.35%，可见，播种单体在速度为 8km/h 时的播种深度稳定性仍符合农艺要求。

将表 6-5 与表 6-4 对比发现，播种单体在速度为 8km/h 时比 5km/h 播种深度减小，波动幅度增大；所受牵引阻力增大。即随播种单体前进速度提高，播种稳定性降低。

速度为 8km/h 时，播种单体田间作业播种深度和牵引阻力的互相关函数曲线如图 6-26 所示，功率谱密度曲线如图 6-27 和图 6-28 所示。

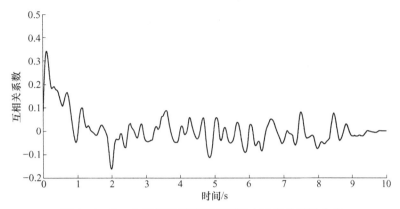

图 6-26 8km/h 时播种深度和牵引阻力互相关函数曲线

由图 6-26 可见, 播种深度和牵引阻力在 $t = 0.23s$ 处具有最强的相关性, 即播种深度变化后经 0.23s 后牵引阻力发生变化。将图 6-26 与图 6-21 进行对比发现, 播种速度提高时, 牵引阻力滞后于播种深度变化时间变长。

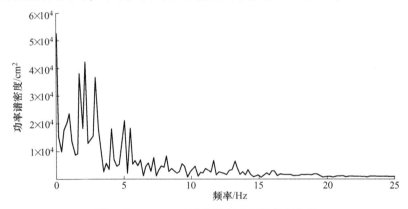

图 6-27 8km/h 时播种深度功率谱密度曲线

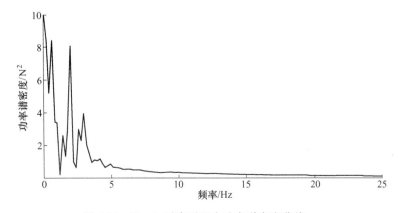

图 6-28 8km/h 时牵引阻力功率谱密度曲线

　　通过图 6-27 与图 6-22、图 6-28 与图 6-23 的对比分析发现，当播种速度提高时，播种深度和牵引阻力振动频率均提高，系统稳定性变差。

　　综上所述，播种单体前进速度为 8km/h 与 5km/h 作业效果相比，播深减小，波动幅度增大，牵引阻力增大，牵引阻力滞后于播种深度变化时间变长，系统稳定性变差。建议免耕播种单体以 5km/h 的速度作业。

7 新型免耕播种机整机试验研究

7.1 新型免耕播种机室内性能试验

　　玉米垄作新型免耕播种机性能测试试验在室内进行，如图 7-1 所示测试结果依据农业部农业机械试验总站 2006 年 10 月 18 日发布的《农业机械推广鉴定大纲》（DG/T 007—2006）来判断是否符合标准。

图 7-1　室内性能测定

7.1.1　排种能力测定

　　排种稳定性是反映播种机作业性能的主要指标，稳定性不佳会造成缺苗或者多苗，影响玉米产量。测试时，用木板垫在施肥轮下将播种机架起使播种地轮离开地面，匀速平稳地转动地轮 5 圈，从导种管接取玉米种子，观察相邻两次排种间隔时间是否均匀，计数排出的玉米种子粒数并称取质量，重复 3 次计算播种平均粒距和排种量。试验材料选取丹玉 508 玉米种子。排种粒数统计见表 7-1，排种量测定见表 7-2。

表 7-1　排种粒数测定

试验次数	排种粒数/粒					平均值/粒	标准差	变异系数 CV /%
	1	2	3	4	5			
1	27	26	25	25	26	26	1.0	3.8
2	25	27	27	25	26			
3	27	26	28	25	25			

玉米垄作新型免耕播种机播种粒距为：

$$L_b = \frac{n_b \pi D}{m_b} \tag{7-1}$$

式中　L_b——播种粒距，mm；

　　　　n_b——地轮转动圈数；

　　　　m_b——地轮转动 n_b 圈的排种粒数。

新型免耕播种机播种地轮直径 D 为 450mm，n_b 为 5 圈，排种粒数均值 26，由式（7-1）得播种粒距 L_b 为 270mm，符合东北玉米垄作区株距 170~340mm 的农艺要求。

表 7-2　排种量测定

试验次数	排种量/g					平均值/g	标准差	变异系数 CV /%
	1	2	3	4	5			
1	7.4	6.8	7.3	7.3	7.7	7.5	1.9	1.8
2	7.3	7.4	7.7	7.5	8.2			
3	7.7	7.6	7.9	6.9	7.4			

玉米垄作新型免耕播种机 1hm² 的种（肥）排量为：

$$Q = \frac{2q_f \times 10^{-3}}{1.5 n_b \pi D l_b \times 10^{-4}} \times 10^4 \tag{7-2}$$

式中　Q——免耕播种机排种能力，kg；

　　　　q_f——试验中排种（肥）量平均值，g；

　　　　l_b——播种行距，mm。

播种行距为 600mm 时，经式（7-2）计算，得玉米垄作新型免耕播种机 1hm² 的排种量为 23.6kg/hm²。

7.1.2　排肥能力测定

测量播种机排肥量时，首先将外槽轮排肥器调至最大工作长度，用木板垫在地轮下将播种机架起，匀速平稳地转动施肥轮 5 圈，分别在底肥、口肥排肥管下方接取肥料称出重量，计算每公顷的施肥量，判断是否符合当地玉米播种的施肥量，不符合的话调整外槽轮排肥器的工作长度。试验中口肥和底肥都选用磷酸一铵，颗粒状无结块。排肥能力测定见表 7-3。

表7-3 排肥能力测定

项目	排肥量/g					平均值/g	标准差	变异系数 CV /%
	1	2	3	4	5			
底肥	0.287	0.322	0.31	0.274	0.277	0.294	0.02	7.2
口肥	0.130	0.115	0.129	0.142	0.139	0.131	0.01	8.1

经式 (7-2) 计算，玉米垄作新型免耕播种机 $1hm^2$ 的底肥排肥量为 1387kg。根据《农业机械推广鉴定大纲》（DG/T 007—2006）的规定，播种机性能测试底肥排肥量约为 150~180kg/hm^2，所以要调整底肥外槽轮排肥器工作长度。新型免耕播种机采用的外槽轮排肥器最大工作长度为 60mm，经计算，将底肥外槽轮排肥器的工作长度调整至 10mm 较合适。

经式 (7-2) 计算，玉米垄作新型免耕播种机 $1hm^2$ 的口肥排肥量为 618kg。根据农业技术要求，播种机性能测试时口肥排肥量不超过 75kg/hm^2，可见须大大调短口肥外槽轮排肥器的工作长度。经计算，将口肥外槽轮排肥器工作长度调整至 8mm 较为合适。

7.1.3 种子机械破损率测定

称取丹玉 508 样本 100g，挑出破损种子称重后放回样本中（精度为 0.1g），计算原始破损率。测定排种试验后破损种子的质量，计算破损率，减去试验前原始破损率，即得播种时种子的机械破损率。试验重复 5 次求取平均值，见表7-4。

表7-4 种子机械破损率测定

试验次数	样本质量/g	原始破损质量/g	试验后破损质量/g	原始破损率/%	机械破损率/%
1	99.8	1.3	1.3	1.3	0
2	99.7	0	0	0	0
3	100.4	2.1	1.2	0.5	0.7
4	100.2	0.9	0.9	0.9	0.9
5	100.5	0	0	0	0
平均值	100.12	1.075	0.68	0.36	0.32

可见，玉米垄作新型免耕播种机播种的种子机械破损率均值为 0.32%，符合《农业机械推广鉴定大纲》（DG/T 007—2006）种子机械破损率小于 0.5% 的技术要求。

7.2　新型免耕播种机田间性能试验

7.2.1　试验条件

　　玉米垄作新型免耕播种机整机田间试验于 2016 年 4 月 29 日，与播种单体试验在同一地块进行。试验中用玉米种子仍为丹玉 508，化肥使用磷酸一铵，颗粒状无结块。新型免耕播种机田间作业情况如图 7-2 所示。

图 7-2　玉米垄作新型免耕播种机田间作业情况

7.2.2　田间试验性能测试结果

　　理论上，玉米垄作新型免耕播种机播种的每一行在单位时间内播下的玉米种子应该是相同的数量，但是实际田间播种时，由于免耕地表根茬多等原因势必会影响实际播种的种子数量。测定要在播种后立即进行，扒开种肥覆土时应尽量保持种子和肥料位置不动，测量破茬深度并观察五叉股被切开情况，测量如图 7-3 和图 7-4 所示。整机田间性能试验测试结果见表 7-5。

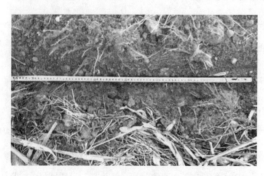

图 7-3　测量粒距

图 7-4　测量侧深施肥参数

表 7-5 整机田间性能试验测试结果

试验次数	破茬深度/mm	种深/mm	粒距/mm	每穴种粒数	肥深/mm	种肥间距/mm
1	78	46	280	1	75	60
2	82	49	254	1	65	50
3	74	42	271	1	80	45
4	70	47	245	2	75	50
5	77	50	264	1	85	55
6	74	44	302	1	70	60
7	75	45	275	1	70	70
8	80	47	270	1	75	50
9	75	50	266	1	80	55
10	76	43	243	1	75	65
平均值	76.1	46.3	267	1.1	75	56
标准差	2.52	2.83	12.8	0.18	5.77	7.75
变异系数 CV/%	3.3	6.11	4.8	16.4	7.7	1.4

玉米垄作新型免耕播种机破茬深度为 76.1mm，播深 46.3mm，播种粒距 26.7mm，每穴种粒数 1.1，底肥施肥深度 75mm，种肥横向间距 56mm，符合播种机设计要求。

7.2.3 镇压轮压强

研究表明，镇压能使 0~5cm 的耕层土壤水分得到显著提高，有利于种子出苗。我国东北地区免耕垄作玉米的农艺要求强调播种后"重镇压"，孙占祥（2005）的研究表明，"重镇压"的压强应达到 39.2kPa。

镇压轮载荷测定如图 7-5 所示。通过称重得镇压轮自重加上弹簧下压力共

图 7-5 镇压轮载荷测定

411N。播种机在田间行走时，承受载荷的地面为非刚性路面，轮子会有一定量的下陷，下陷量 Z_z 较小时，计算公式可以简化为：

$$Z_z = \frac{6W_z}{5K_t B_z \sqrt{D}} \tag{7-3}$$

式中　Z_z——镇压轮下陷量，mm；

　　　　W_z——镇压轮载荷，N；

　　　　D——镇压轮直径，mm；

　　　　K_t——土壤特性系数，黏壤土取值 $2.0×10^4 ~ 4.0×10^4$；

　　　　B_z——镇压轮轮胎宽度，mm。

如图 7-6 所示，镇压轮着地面积为：

$$S_z = B_z \times \overset{\frown}{ac} \tag{7-4}$$

其中：

$$\overset{\frown}{ac} = D\cos^{-1}\frac{D - 2Z_z}{D} \tag{7-5}$$

将式（7-5）代入式（7-4），得：

$$S_z = B_z D\cos^{-1}\frac{D - 2Z_z}{D} \tag{7-6}$$

镇压轮下陷量很小，即 Z_z 趋近于 0，因此镇压轮着地面积可以简化为长度为 ac、宽度为镇压轮宽度 B_z 的矩形，即

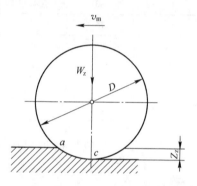

图 7-6　镇压轮下陷深度示意图

$$S_z = B_z \times | ac | \tag{7-7}$$

镇压轮作业时变形很小，因此可近似看作刚性体，忽略其下方土壤向侧面的流动，镇压轮对地面的压力可认为是均布在矩形面接触面上，则压强 p_z 为：

$$p_z = \frac{W_z}{S_z} \tag{7-8}$$

将镇压轮载荷 411N、镇压轮轮胎宽度 70mm、ac 直线距离 140mm 代入式（7-8），得镇压轮压强 p_z 为 41.94kPa，符合重镇压要求。

7.2.4　播种后垄台断面形状

对玉米垄作新型免耕播种机播种过的垄形断面、清垄器扰动土壤、播种深度、口肥和底肥位置等参数，多次测量尺寸计算平均值后，画出其示意图，如图7-7所示。测量结果显示，播种后垄台宽度为 210mm，播种深度为 46mm，切茬深度（也是口肥施肥深度）为 76mm，清垄器在垄台上动土范围约为宽 160mm、深 20mm，底肥在种侧 56mm、深 28mm。播种后参数尺寸符合玉米垄作新型免耕

播种机的设计要求，且作业动土量较少。可见，拖拉机液压系统对破茬犁刀和施肥开沟器提供的作业下压力满足二者的工作要求。

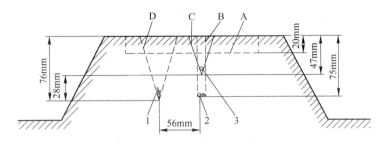

图 7-7 播种后垄形断面示意图

1—底肥；2—口肥；3—玉米种子；

A—清垄器动土范围；B—破茬犁刀工作深度；C—播种开沟；D—侧深施肥开沟

7.3 新型免耕播种机田间适应性试验

玉米垄作新型免耕播种机的田间适应性，即在不同工况下，播种机的播种性能是否达到技术要求。为验证播种机田间适应性，在其他因素不变的情况下，试验以播种机速度、播种深度和秸秆覆盖量为试验因素，以播种机工作阻力和种子粒距合格率为试验指标，进行三因素五水平的二次回归正交组合试验。试验中为达到秸秆覆盖量水平值，进行人工排布秸秆。试验因素编码表见表7-6。

表 7-6 因素编码

编码	播种机速度	播种深度	秸秆覆盖量
	$x_1/\mathrm{m \cdot s^{-1}}$	x_2/cm	$x_3/\mathrm{kg \cdot m^{-2}}$
1.353	1.49	6.35	0.94
1	1.39	6	0.9
0	1.11	5	0.8
-1	0.83	4	0.7
-1.353	0.73	3.65	0.66

根据《单粒（精密）播种机试验方法》（GB/T 6973—2005）的要求，设 L_b 为理论粒距，L_s 为播种后实测粒距，当 $0.5L_b < L_s \leqslant 1.5L_b$ 时，为合格粒距。根据东北垄作区的玉米播种经验，本试验 $L_b = 270\mathrm{mm}$。粒距为播种后由人工扒开播种带进行测量。试验仪器和设备安装情况如图7-8所示。

整机田间试验用东方红-30型拖拉机驱动，仪器设备安装如图7-8所示。将QLLY型拉压力传感器和 KTRC-100L 型直线位移传感器测得的数据传送到 National Instruments USB-6008 型数据采集卡。

图 7-8 整机田间试验

1—便携式计算机；2—蓄电池；3—数据采集卡；4—直线位移传感器；5—变送器；6—拉压力传感器

　　根据三因素五水平二次回归正交试验设计，安排 17 次试验，试验方案与结果见表 7-7，其中 X_1、X_2、X_3 分别为 x_1、x_2、x_3 的水平编码值。

表 7-7 试验方案与结果

试验编号	X_1	X_2	X_3	评价指标	
				工作阻力 /kN	粒距合格率 /%
1	−1	−1	−1	3.9	90.6
2	1	−1	−1	4.2	93.1
3	−1	1	−1	4.5	91.3
4	1	1	−1	4.8	95.6
5	−1	−1	1	5.7	88.2
6	1	−1	1	6.5	92.1
7	−1	1	1	7.1	87.7
8	1	1	1	7.9	90.4
9	−1.353	0	0	5.0	93.2
10	1.353	0	0	6.3	94.8
11	0	−1.353	0	4.7	93.3
12	0	1.353	0	5.9	92.1
13	0	0	−1.353	3.7	94.2
14	0	0	1.353	7.3	87.9
15	0	0	0	3.8	93.8
16	0	0	0	3.6	94.4
17	0	0	0	3.9	94.1

根据试验结果，剔除其中的不显著项，得到工作阻力的因素编码回归方程为：

$$Y_1 = 4.07 + 0.34X_1 + 0.48X_2 + 1.26X_3 + 0.65X_1^2 + 0.46X_2^2 + 0.57X_3^2$$

$$(7-9)$$

式中 Y_1——工作阻力，kN。

根据回归方程中 X_1、X_2、X_3 三个编码值的系数，得 3 个试验因素对播种机工作阻力影响从大到小依次是秸秆覆盖量、播种深度、播种机速度。

工作阻力的因素实际值回归方程为：

$$Y_1 = 60.49 - 20.83x_1 - 5.73x_2 - 93.63x_3 + 8.32x_1^2 + 0.46x_2^2 + 57.04x_3^2$$

$$(7-10)$$

式中 x_1——播种机速度，m/s；

x_2——播种深度，mm；

x_3——秸秆覆盖量，kg/m^2。

为检验工作阻力回归方程的显著性，对其回归方程进行了检验，显著性检验结果见表 7-8。

表 7-8 工作阻力方差分析

方差来源	平方和	自由度	均方	F	P
模型	29.42	9	3.27	14.19	0.0010
残差	1.61	7	0.23		
失拟	1.57	5	0.31	13.42	0.0708
误差	0.047	2	0.023		
总和	31.03	16			

模型的 $P<0.01$，说明此模型极显著；失拟项 $P=0.0856>0.05$，说明 F 检验结果不显著，表明试验指标回归方程与试验数据的拟合程度良好。

同理得粒距合格率的因素编码回归方程为：

$$Y_2 = 94.25 - 1.78X_1 + 0.053X_2 + 1.33X_3 + 0.68X_1X_2 -$$
$$0.025X_1X_3 - 1.85X_1^2 - 0.95X_2^2$$

$$(7-11)$$

式中 Y_2——粒距合格率，%。

由回归方程中 X_1、X_2、X_3 三个编码值的系数，可知 3 个试验因素对粒距合格率影响从大到小依次是播种机速度、秸秆覆盖量、播种深度。

粒距合格率的因素实际值回归方程为：

$$Y_2 = -68.67 + 312.87x_1 + 14.53x_2 + 10.89x_3 - 6.75x_1x_2 -$$
$$0.89x_1x_3 - 184.94x_1^2 - 0.95x_2^2$$

$$(7-12)$$

为检验粒距合格率回归方程的显著性，对回归方程进行检验，显著性检验结果见表7-9。

表7-9　粒距合格率方差分析

方差来源	平方和	自由度	均方	F	P
模型	90.67	9	10.07	10.04	0.0030
残差	7.03	7	1.00		
失拟	6.85	5	1.37	15.21	0.0628
误差	0.18	2	0.090		
总和	97.70	16			

模型的 $P<0.01$，说明此模型极显著；失拟项 $P=0.0628>0.05$，说明 F 检验结果不显著，表明试验指标回归方程与试验数据的拟合程度良好。

将一个因素固定在零水平，利用响应面图，可形象地得到另外两个因素对试验指标的影响。因素对工作阻力的影响如图 7-9 所示，对粒距合格率的影响如图 7-10 所示。

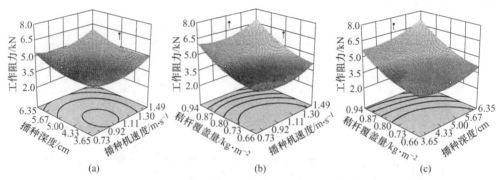

图 7-9　试验因素对工作阻力影响的响应曲面

(a) $Y_1 (x_1, x_2, 0.80)$；(b) $Y_1 (x_1, 5, x_3)$；(c) $Y_1 (1.11, x_2, x_3)$

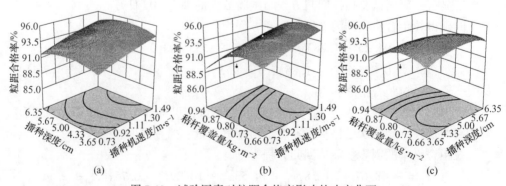

图 7-10　试验因素对粒距合格率影响的响应曲面

(a) $Y_2 (x_1, x_2, 0.80)$；(b) $Y_2 (x_1, 5, x_3)$；(c) $Y_2 (1.11, x_2, x_3)$

　　工作阻力回归方程的响应面显示，秸秆覆盖量对指标的影响最显著，为主要因素。工作阻力随着秸秆覆盖量的增加而增大，在秸秆覆盖量偏低、排种深度和播种机速度接近零水平时，工作阻力较小。

　　粒距合格率回归方程响应面显示，播种机速度对该指标的影响最显著，为主要因素；秸秆覆盖量和播种深度为次要因素。粒距合格率随着播种机速度的增加先升高后降低，在播种速度较高、秸秆覆盖量和播种深度中等时，粒距合格率较高。

　　根据建立的回归数学模型，可以获得各因素的最优参数组合，实现播种机的最佳作业效果。利用 Design-Expert 8.0.6 软件的优化求解模块，以最小工作阻力和最大粒距合格率为评价指标，建立数学模型：

$$\text{约束条件为}\begin{cases} 0.73\text{m/s} \leqslant x_1 \leqslant 1.49\text{m/s} \\ 3.65\text{cm} \leqslant x_2 \leqslant 6.35\text{cm} \\ 0.66\text{kg/m}^2 \leqslant x_3 \leqslant 0.94\text{kg/m}^2 \end{cases} \tag{7-13}$$

$$\text{目标函数为}\begin{cases} \min Y_1(x_1, x_2, x_3) \\ \max Y_2(x_1, x_2, x_3) \\ Y_2 \geqslant 80\% \end{cases} \tag{7-14}$$

　　求得满足约束条件的最小工作阻力和最大粒距合格率的最优参数组合为：播种机速度为 1.21m/s，播种深度 4.96cm，秸秆覆盖量为 0.73kg/m²，此时工作阻力为 3.62kN，粒距合格率 93.63%。试验中秸秆覆盖量 5 个水平，新型免耕播种机均可保证作业效果。

　　根据最优参数组合，短时间内在同一地点以同样的试验方法进行验证试验。结果显示，当前进速度为 1.25m/s，播种深度 4.63cm，秸秆覆盖量为 0.73kg/m²时，播种机工作阻力为 3.54kN，粒距合格率 91.25%。同样的速度和播深下，将地表秸秆覆盖量增大到 1.0kg/m²，测得播种机工作阻力为 6.73kN，粒距合格率 85.52%，试验指标仍然满足国家行业标准要求，证明优化结果合理可靠。

参 考 文 献

[1] 白晓虎，李芳，张祖立，等．基于 ADAMS 的免耕播种机仿形机构弹簧参数优化 [J]．干旱地区农业研究，2014，32（6）：268-272.

[2] 鲍士旦．土壤农化分析 [M]．北京：中国农业出版社，2000.

[3] 陈海涛，查韶辉，顿国强，等．2BMFJ 系列免耕精量播种机清秸装置优化与试验 [J]．农业机械学报，2016，47（7）：96-102.

[4] 范旭辉，贾洪雷，张伟汉，等．免耕播种机仿形爪式防堵清茬机构参数分析 [J]．农业机械学报，2011，42（10）：56-60.

[5] 高富强．气吸式玉米免耕播种机播种施肥性能优化与试验研究 [D]．沈阳：沈阳农业大学，2016.

[6] 高焕文，李问盈，李洪文．中国特色保护性耕作技术 [J]．农业工程学报，2003，19（3）：1-4.

[7] 韩丹丹，张东兴，杨丽，等．内充气吹式玉米排种器工作性能 EDEM-CFD 模拟与试验 [J]．农业工程学报，2017，33（13）：23-31.

[8] 何进，李洪文，李慧，等．往复切刀式小麦固定垄免耕播种机 [J]．农业工程学报，2009，25（11）：133-138.

[9] 何进，李洪文，王庆杰，等．动力甩刀式小麦固定垄免耕播种机 [J]．农业机械学报，2011，42（10）：51-55.

[10] 胡军．精密播种单体播深控制的理论与试验研究 [D]．长春：吉林农业大学，2012.

[11] 贾洪雷，郭慧，郭明卓，等．行间耕播机弹性可覆土镇压轮性能有限元仿真分析及试验 [J]．农业工程学报，2015，31（21）：9-16.

[12] 贾洪雷，郑嘉鑫，袁洪方，等．仿形滑刀式开沟器设计与试验 [J]．农业工程学报，2017，33（4）：16-22.

[13] 李宝筏．农业机械学 [M]．北京：中国农业出版社，2003.

[14] 李宝筏，杨文革，王勇，等．东北地区保护性耕作研究进展与建议 [J]．农机化研究，2004，26（1）：9-13.

[15] 李宝筏，刘安东，包文育，等．东北垄作滚动圆盘式耕播机 [J]．农业机械学报，2006，37（5）：57-59.

[16] 李国梁，杨然兵，尚书旗．2BY-6 型小区育种试验播种机仿形机构研究 [J]．农业工程，2014，4（6）：10-14.

[17] 李辉，吴建民，孙伟．垂直分层种施开沟器的设计与试验研究 [J]．甘肃农业大学学报，2013，45（2）：143-146.

[18] 李友军，付国占，张灿军，等．保护性耕作理论与技术 [M]．北京：中国农业出版社，2008.

[19] 林静，刘安东，李宝筏，等．2BG-2 型玉米垄作免耕播种机设计 [J]．农业机械学报，2011，42（6）：43-46.

[20] 林静，刘艳芬，李宝筏，等．东北地区垄作免耕覆盖模式对土壤理化特性的影响 [J]．

农业工程学报，2014，30（23）：58-64.

[21] 林静，李宝筏，李宏哲．阿基米德螺线形破茬开沟和切拨防堵装置的设计与试验［J］.
农业工程学报，2015，31（17）：10-19.

[22] 梁栋，董文赫，周静．保护性耕作免耕播种技术在吉林省玉米增产中的作用［J］.吉林
农业，2011，262（12）：147-151.

[23] 梁天也，巴晓斌，时景云，等．精播丸粒化玉米种子水平圆盘排种器清种装置的改进
［J］.吉林农业大学学报，2001，23（1）：101-103.

[24] 廖庆喜，高焕文，臧英．玉米水平圆盘精密排种器型孔的研究［J］.农业工程学报，
2003，19（2）：109-113.

[25] 刘艳芬，林静，李宝筏，等．玉米播种机水平圆盘排种器设计与试验［J］.农业工程学
报，2017，33（8）：37-46.

[26] 卢彩云．免耕播种机滑板压秆旋切式防堵技术与装置研究［D］.北京：中国农业大
学，2014.

[27] 卢宪菊．垄作集水和秸秆覆盖对东北玉米带黑土区玉米生长和水氮利用的影响［D］.北
京：中国农业大学，2014.

[28] 罗红旗，高焕文，刘安东，等．玉米垄作免耕播种机研究［J］.农业机械学报，2006，
37（4）：45-63.

[29] 吕彬，杨悦乾，刘宏俊，等．大豆双行侧深施肥免耕播种机关键部件设计与试验［J］.
大豆科学，2015，34（6）：1047-1052.

[30] 马洪亮，高焕文，魏淑艳．驱动缺口圆盘玉米秸秆根茬切断装置的研究［J］.农业工程
学报，2006，22（5）：86-89.

[31] 马云海，马圣胜，贾洪雷，等．仿生波纹形开沟器减黏降阻性能测试与分析［J］.农业
工程学报，2014，30（5）：36-41.

[32] 钱巍．玉米垄作免耕播种机的动态模拟与关键部件的参数优化［D］.沈阳：沈阳农业
大学，2016.

[33] 石林榕，吴建民，孙伟，等．基于离散单元法的水平圆盘式精量排种器排种仿真试验
［J］.农业工程学报，2014，30（8）：40-48.

[34] 王峰霞．圆盘型孔式精密排种器的研究［D］.杨凌：西北农林科技大学，2014.

[35] 王景立．精密播种机覆土与镇压过程对种子触土后位置控制的研究［D］.长春：吉林大
学，2012.

[36] 王金武，唐汉，王奇，等．基于 EDEM 软件的指夹式精量排种器排种性能数值模拟与试
验［J］.农业工程学报，2015，31（21）：43-50.

[37] 王科杰，胡斌，罗昕，等．残膜回收机单组仿形搂膜机构的设计与试验［J］.农业工程
学报，2017，33（8）：12-20.

[38] 王庆杰，何进，姚宗路，等．驱动圆盘玉米垄作免耕播种机设计与试验［J］.农业机械
学报，2008，39（6）：68-72.

[39] 王庆杰，何进，梁忠辉，等．东北地区玉米垄作免耕播种机现状［C］.中国农业工程学
会 2011 年学术年会论文集，2011.

［40］ 王圆明，宋树民，庞有伦，等．单行精量玉米播种施肥机的优化设计［J］.中国农机化学报，2016，37（11）：15-19.

［41］ 吴建民，高焕文．免耕播种机锯片式防堵切刀的设计与试验［J］.农业机械学报，2006，37（5）：51-53.

［42］ 夏连明．玉米精量播种机关键部件研究［D］.哈尔滨：东北农业大学，2011.

［43］ 徐迪娟，李问盈，王庆杰．2BML-2（Z）型玉米垄作免耕播种机的研制［J］.中国农业大学学报，2006，11（3）：75-78.

［44］ 杨然兵，柴恒辉，尚书旗．花生播种机倾斜圆盘碟式排种器设计与性能试验［J］.农业机械学报，2014，45（6）：79-84.

［45］ 姚宗路，高焕文，王晓燕，等．2BMX-5型小麦-玉米免耕播种机设计［J］.农业机械学报，2008，39（12）：64-68.

［46］ 姚宗路，高焕文，李洪文，等．不同结构免耕开沟器对土壤阻力的影响［J］.农机化研究，2009（7）：30-34.

［47］ 于希臣，孙占祥，郑家明，等．不同镇压方式对玉米生长发育及产量的影响［J］.杂粮作物，2002，22（5）：271-273.

［48］ 张军昌，闫小丽，薛少平，等．秸秆粉碎覆盖玉米免耕施肥播种机设计［J］.农业机械学报，2012，43（12）：51-55.

［49］ 张晋国，高焕文．免耕播种机新型防堵装置的研究［J］.农业机械学报，2000，31（4）：33-35.

［50］ 张明华，罗锡文，王在满，等．水稻精量穴直播机仿形与滑板机构的优化设计与试验［J］.农业工程学报，2017，33（6）：18-26.

［51］ 张喜瑞，何进，李洪文，等．小麦免耕播种机驱动链式防堵装置设计［J］.农业机械学报，2009，40（10）：44-48.

［52］ 赵佳乐，贾洪雷，郭明卓，等．免耕播种机有支撑滚切式防堵装置设计与试验［J］.农业工程学报，2014，30（10）：18-28.

［53］ 赵淑红，周勇，刘宏俊，等．玉米垄作深施肥免耕播种机关键部件设计与试验［J］.东北农业大学学报，2015，46（11）：102-108.

［54］ 赵淑红，刘宏俊，谭贺文，等．仿旗鱼头部曲线型开沟器设计与性能试验［J］.农业工程学报，2017，33（5）：32-39.

［55］ 赵淑红，刘宏俊，谭贺文，等．丘陵地区双向仿形镇压装置设计与试验［J］.农业机械学报，2017，48（4）：82-88.

［56］ 赵武云，张锋伟，吴劲锋，等．免耕播种机弹齿式防堵装置［J］.农业机械学报，2007，38（3）：188-190.

［57］ 赵武云，戴飞，杨杰，等．玉米全膜双垄沟直插式精量穴播机设计与试验［J］.农业机械学报，2013，44（11）：91-97.

［58］ 朱国辉，李问盈，何进．2BFML-5型固定垄免耕播种机设计与试验［J］.农业机械学报，2008，39（2）：51-54.

［59］ 庄健，王万鹏，贾洪雷，等．一种全方位震动式镇压辊［P］:中国，ZL2016

10871385. 8，2017-03-15.

［60］左兴健，武广伟，付卫强，等. 风送式水稻侧深精准施肥装置的设计与试验［J］. 农业工程学报，2016，32（3）：14-21.

［61］A Solhjou，Desbiolles Fielke J M. Soil translocation by narrow openers with various rake angles［J］. Biosystems Engineering，2012，112：65-73.

［62］C. G. Sorensen，V. Nielsen. Operational analyses and model comparison of machinery systems for reduced tillage［J］. Biosystems Engineering，2005，92（2）：143-155.

［63］D Karayel. Performance of a modified precision vacuum seeder for no-till sowing of maize and soybean［J］. Soil Tillage & Research，2009，（104）：121-125.

［64］Datta R K. Development of some seeders with particular reference to pneumatic seed drills. The Harvester［D］，Indian Institute of Technology，Kharagpur，India，1974.

［65］J. A. Smith，R. G. Wilson，G. D. Binford，et al. Tillage systems for improved mergence and yield of sugar beets［J］. American Society of Agricultural Engineers，2002，18（6）：667-672.

［66］John Emorrison. Development and future of conservation tilage in American［C］. China International Conference on Dry Land and Water-saving Farming，2000，132-135.

［67］Kocher M F，Coleman J M，Smith J A，et al. Com seed spacing uniformit as affected by seed tube condition［J］. Applied Engineering in Agriculture，2011，27（2）：177-183.

［68］Liu W D，Tollenaar M，Stewart G，et al. Response of corn grain yield to spatial and temporal variability in emergence［J］. Corp Science，2004，44（3）：847-854.

［69］Maleki M R.，Mouazen A M.，Ketelaere B De，et al. A new index for seed distribution uniformity evaluation of grain drills［J］. Biosystems Engineering，2006，94（3）：471-475.

［70］Manuwa S I. Performance evaluation of tillage tines operating under different depths in a sandy clay loam soil［J］. Soil & Tillage Research，2009，103（2）：399-405.

［71］Mirsky S B，Ryan M R，Teasdale J R，et al. Overcoming weed management challenges in cover crop——based organic rotational no-till soybean production in the Eastern United States［J］. Weed Technology，2013，27（1）：193-203.

［72］Naresh R K，Gupta R K，Ashok K，et al. Direct-seeding and reduced-tillage options in the rice-wheat system of the Western Indo-Gangetic Plains［J］. Int J Agr Sci，2011，7（1）：197-208.

［73］Ozmerzi A，Karayel D，Topakci M. Effect of sowing depth on precision seeder uniformity［J］. Biosystems Engineering，2002，82（2）：227-230.

［74］Rouxsl，Boher C，Penazzi L，et al. A methodology and new criteria to quantify the adhesive and abrasive wear damage on a die radius using white light profilometry［J］. Tribology International，2012，52：40-49.

［75］Singh K P，Agrawal K N，Jat D，et al. Design，development and evaluation of furrow opener for differential depth fertilizer application［J］. Indian Journal of Agricultural Sciences，2016，86（2）：250-255.

[76] Singh R C, Singh G, Saraswat D C. Optimisation of design and operational parameters of a pneumatic seed metering device for planting cottonseeds [J]. Biosystems Engineering, 2005, 92 (4): 429-438.

[77] Solhjou A, Fielke J M, Desbiolles J M A, et al. Soil translocation by narrow openers with various bent leg geometries [J]. Biosystems Engineering, 2014, 127 (3): 41-49.

[78] Tiessen K H D, Sancho F M, Lobb D A, et al. Assessment of tillage translocation and erosion by the disk plow on steep land Andisols in Costa Rica [J]. Journal of Soil and Water Conservation, 2010, 65 (5): 316-278.

[79] Vamerali T, Bertocco M, Sartori L. Effects of a new wide-sweep opener for no-till planter on seed zone properties and root establishment in maize (Zea mays, L.): A comparison with double-disk opener [J]. Soil & Tillage Research, 2006, 89 (2): 196-209.